U0005138

世界邊緣的眞相

穿著科學外衣的生命之書

光子 著

獻給

妻子　楊悅
女兒　王思晴

目錄

世界是什麼？它的邊緣在哪裡？

　　冠心病監護室裡亂作一團。

　　病人因急性心肌梗塞心臟驟停，生命危在旦夕。心電圖變成了一條可怕的直線，生理監視器發出令人心焦的警報聲，走廊裡傳來醫護人員奔跑的聲音。

　　值班醫生拉曼爾（Pim van Lommel）衝進房間，一邊手忙腳亂地解開病人的上衣，一邊大喊著叫護士立即拿來心臟電擊去顫器（用電擊令心臟重新起搏的儀器）。他是個剛開始訓練心臟病護理的實習生，只有 26 歲。

　　拉曼爾把去顫器緊按在病人胸前，防止邊緣翹起。「閃開！」他照規程大叫一聲，「砰」地給了一次電擊。病人的身體向上猛地彈了一下，又像個沙袋似的癱在那兒不動了。心電圖跳動了一下，隨即又恢復了直線，長直的警報聲還在繼續。

　　拉曼爾氣急敗壞，加大了電壓，「閃開！」他又電擊了一次。

　　病人還是僵直地躺著，毫無心跳和呼吸，而且體溫開始下降。拉曼爾一會兒查看生理監視器，一會兒測體溫，滿屋子人急得團團轉，卻無計可施，時間彷彿停滯了一樣。過了三分多鐘，還是毫無起色，有人乾脆關掉了警報，拉曼爾沮喪地抓起病歷，看了看牆上的鐘，記下死亡時間，一名護士默默地把一條雪白的床單蓋在病人遺體上。

　　病人的喉嚨裡突然咕嚕了一下，生理監視器螢幕上的光斑又奇蹟

般地躍動起來。人們頓時歡呼起來，拉曼爾幾乎擁抱了身邊的一位女護士，他長舒一口氣——幸好病人沒死在他這個實習生手裡。病人瞇縫著眼睛，彷彿天花板上的吊燈太刺眼，他一臉迷茫，顯然不知身在何處。

他的神情變得很古怪，並非死而復生的欣喜，而是一種厭惡和無奈。

「No! no, no, no, no!」他的聲音越來越大，人們停止了歡呼，屋裡靜了下來。

「你們為什麼把我拉回來？」病人沒好氣地說。

「拉回來？你一直躺在這兒啊。」拉曼爾問。經歷了這樣生死之搏的人有時會思維混亂，他並不感到意外。

「你們把我從一個美麗的地方拉回來了！」病人顯出由衷的失望，開始胡言亂語。

他說剛才身上所有的病痛都消失了，感到一種前所未有的祥和，自己變得很輕很輕，飄了起來，離開了身體，穿過了一個黑暗的隧道，盡頭有光……五彩繽紛的顏色……一個仙境般的地方，有美妙的音樂……

什麼亂七八糟的！拉曼爾心裡說，竟然產生幻覺了！他撥開病人的眼皮，迅速檢查了一下瞳孔，確保他是清醒的。受過嚴格醫療訓練的拉曼爾深知，心臟驟停的病人沒有呼吸、脈搏或血壓，所有大腦功能都已停止，失去了知覺，沒有意識，不可能有記憶。

「我到了世界的邊緣，我要去另一邊，不想回來！」

病人幾乎惱怒起來，剛才還歡欣鼓舞的醫護人員就像頭上被猛地

潑了一盆冷水，對他的不知感恩不知所措……

這故事發生在荷蘭的一家醫院裡[1]，本書的後半部我將接著把它說完。

世界的邊緣在哪裡？它有「外面」嗎？承認吧！這些問題你也曾想過，只是不再想了。

小時候，你問這些問題時，老師說「很複雜」，父母說「問也沒用」，朋友同學們乾脆笑你傻，於是你不敢再問。

到了今天，你也許早已遺忘，也許已經和他們一樣，覺得這些問題傻，而且「沒用」，你忙著謀生賺錢。但在你的內心深處，還是隱隱地想知道世界是怎麼回事，你為什麼會在這兒。若不知道，只是日復一日地生存著，你感到空虛而失落。

不知為什麼會在這兒，你為什麼要忙碌？

即使不知道答案，你至少可以問問題。人類心智成長的每一步，都是從問問題開始的。

牛頓問：「蘋果為什麼會落下？」導致了萬有引力的發現；而愛因斯坦問：「和光一起旅行，將會看到什麼？」導致了相對論的誕生。世界是什麼？它的邊緣在哪裡？我為什麼活著？這些問題會帶給你更有意義的生活。

現在問是不是太晚？不會。

愛因斯坦因為心智發育遲緩，到了成年還在問小孩才問的問題，

---

1 這個故事，以及本書中許多其他故事，是依據歷史記錄寫成的。其人物、年代及主要過程和結論是真實的，但具體細節多為虛構。

所以創立了相對論。他說：「不要停止問問題，這很重要；好奇心有其存在的自身原因。」

探索的過程本身就是目的，好奇是一種生活方式，可以讓心靈永遠年輕。難道你願意不知道答案，就離開這個世界？

世界是什麼？它的邊緣在哪裡？如果你願意和我一起，勇敢地問這些問題，就會找到意想不到，又讓我們彷彿重獲新生的答案，我保證。

一位旅行家在世界邊緣探頭張望，此圖收錄於法國科普作家卡米伊·弗拉馬利翁魚 1888 出版的《大氣：大眾氣象學》（L'atmosphère : météorologie populaire）第 163 頁。

第一章
天球的邊緣

如果一個想法在一開始不是荒謬的，那它就是沒有希望的。

——愛因斯坦

我們不記得是怎麼來到這個世界上的，就像在一個迷宮裡莫名其妙醒來的孩子。懷著好奇，我們想找尋「迷宮」的邊緣。

已有無數人做過這樣的探尋，讓我們沿著前人的足跡，開始這段奇幻之旅。

被怪問題困擾的巨人

黃昏的絕壁上坐著個巨人。他生著絡腮鬍，頭髮狂野地披在肩上，戴著蛇形的黃金耳環。他的胳膊像粗壯的樹幹，赤裸著古銅色的上身，下身只穿一條獸皮裙。身邊的土地上，插著一根碗口粗的桃木杖。這杖既是行走的工具，又是防身的武器，它伴著巨人已經幾十年，手握的地方變得黝黑、光滑。

憑體魄和武力，巨人本可以像黃帝和蚩尤那樣稱霸一方，他卻離群索居，住在這座名叫「成都載天」的大山上。方圓百里的人都知道他是大神后土的後裔，但對他既不崇敬也不懼怕，反而在背地裡譏笑他，像躲瘟疫那樣躲避他。

這並非因為他是惡人，或真有傳染病，而是他腦子有毛病。巨人

整天念叨一些古怪而毫無用處的問題，已經達到了癡迷的程度。不管遇到誰，他都會問這些問題，而且刨根問底，讓人無法敷衍了事，人們怕被他糾纏而耽誤了農活。

巨人感到腿上有個東西在爬，原來是隻碩大的山蟻。山蟻似乎也發現爬錯了地方，於是倉皇亂竄。巨人小心翼翼地把牠抖落到地上。這山蟻真可憐，活一輩子，都離不開大山，不知道山外面還有田野，有天地。

人比山蟻強嗎？活一輩子，都不知道世界的邊緣在哪裡。也許在人能看到的世界之外，還有更大的世界？為什麼沒有人到天地的邊緣去看一看？

暗紅色的太陽像一塊碩大的火炭，一點點沉入大地。遙遠的山腳下，村落裡正升起裊裊炊煙；田野裡，幾個農民像螞蟻一樣忙碌著，趁著落日的餘暉，想多收割一點麥子。

「太陽落到哪裡去了？天地的邊緣在哪裡？」巨人用洪鐘般的聲音問空谷，聽到的只是陣陣回聲。

夜幕降臨。大山中的星光近得彷彿伸手就能摸到，璀璨的銀河從頭頂橫跨而過。他一動不動地坐在崖上，毫無睡意，因為心仍被問題煎熬著。當東方泛出魚肚白，他已經下定決心：作為神的後裔，我要成為第一個發現太陽落在哪裡的人，我要去追太陽，尋找世界的邊緣，不找到答案就不活著回來。

朝陽在天際抹上第一縷紅霞的時候，村民們聽到轟隆隆巨人的腳步聲，飯桌上的碗筷都被震離了桌面。巨人從山坡上奔下來，如離弦之箭，向西面的地平線射去。人們放下可口的早飯，籠著手，從溫暖

的村舍裡走出來，縮著脖子，站在路邊看熱鬧——這古怪的巨人又在犯瘋病了。

「吃飽了撐的！」頭髮鬍子都已花白的村長說，「不自量力，不會有好下場！」

聰明的讀者，你猜對了！這巨人就是夸父，生活在西元前大約2700 年的黃帝時代。他的下場不幸被老人言中，據《列子‧湯問》[2] 記載：夸父自不量力，去追趕太陽，直追到太陽落下的地方「禺谷」。他渴了要喝水，到黃河、渭河去喝，但兩條河的水不夠，他又向北奔跑，去喝大湖裡的水。還沒趕到大湖，在半路上就渴死了。他丟棄的手杖化為一片桃林，有方圓數千里那麼大。

夸父的邊緣

我們雖不知「禺谷」在哪裡，卻知道它在中國的版圖裡，離黃河、渭河不遠。所以，對於夸父時代的中國人來說，世界的半徑只有大約4000 公里，相對於當時的交通工具和人類活動的範圍，已經大得無法想像了。

古人看到地是平的，自然而然就認為世界是塊「大平板」。河流都是往東流的，所以它一定西高東低；星星都是從東往西「流動」的，所以天也必然是「傾斜」的。他們甚至編造了一個傳說來解釋為什麼：女媧燒煉五色石來修補天地的殘缺，斬斷大龜之足來支撐四極，是因

2.《列子‧湯問》，列禦寇著。列禦寇（約西元前450 年—前375 年），戰國前期道家代表人物，後人尊稱他為列子，華夏族，周朝鄭國圃田（今河南省鄭州市）人，古帝王列山氏之後。

為西北兩面的龜足較短，所以天穹向那裡傾斜。後來共工氏與顓頊爭帝，怒撞不周山，折斷了支撐天空的大柱和維繫大地的繩子，結果大地向東南方下沉，河流向那裡匯集。

夸父沒落得好下場，也就再沒人像他那樣去追太陽，中國人在傾斜的天、地兩塊「大平板」之間安居樂業。殷末周初（西元前 1000 年左右），「大平板」思想發展成了「蓋天說」，認為「天圓如張蓋，地方如棋局」，這就是至今中國人仍常說的「天圓地方」。

到了東周（西元前 770 年—前 256 年），多國混戰，天下大亂。當中國人正忙於攻城掠地，萬里之外，被藍得醉人的地中海擁抱著的一個小島上，出了個標新立異的年輕人，竟宣稱世界的邊緣根本不在大地上。

崇拜數字的怪人

這個島叫做薩摩斯（Samos Island），在希臘的東邊，面積還不足上海的十分之一，但在古希臘，是個富有而強大的島嶼。

西元前 550 年的一天，小島的集市上熱鬧非凡，人們裡三層外三層，把方石鋪就的街道堵得水泄不通。人群正中的石階上，站著一個二十出頭的年輕人，正在慷慨陳詞。

小夥子是當地富商的小孩，裝束很古怪，明明是希臘人，卻穿著東方人的褲褂，蓄著長髮，留著山羊鬍。他之所以這身打扮，是因為 9 歲時曾被父親送到提爾（Tyre，位於黎巴嫩首都貝魯特以南約 80 公里處）學習，接觸了東方的宗教和文化，其後又多次隨父親到亞洲西南部的小亞細亞經商。

如果把這身「奇裝異服」換成希臘人經典的袍子，他看上去還是蠻順眼的，甚至有一種希臘人特有的古典之美：窄窄的臉，高高的額頭，筆直的鼻樑，眼睛裡透出一股和年齡極不相稱的睿智。

人們圍觀他，不是因為他說得多有道理，而是因為他的言論荒唐至極，令人瞠目結舌，不知如何應對。

「大地是球形的！」小夥子高喊道。

人群譁然，大地明明是平的啊！他們不能肯定這毛頭小子是瞎子還是瘋子。

「年輕人，睜開尊眼瞧瞧吧！」人群中一位頗有聲望的老哲學家譏諷道，大夥兒一陣哄笑。

「大地看上去是平的，是因為地球無比巨大。」小夥子把胳膊展開成一字，彷彿抱著個碩大無邊的球。

「你有證據嗎？」

「我不需要證據！」小夥子十分肯定，「圓球在數學中是最完美的形體，而造物主是按照完美的數學創造世界的。」

「數學不是用來描述世界的嗎？你怎麼好像在說先有數學才有世界似的？」老哲學家名不虛傳，立即抓住了小夥子的破綻。

「的確是先有數才有世界！而且萬物皆數！」

這小夥子叫畢達哥拉斯（Pythagoras，約西元前 570—前 500 年）。他所謂的「萬物皆數」（All is Number）是說，世界萬物都是數。非物質的、抽象的數是宇宙的本原，自然界的一切現象和規律都是由數決定的，服從「數的和諧」。

他是這樣推理的：因為有了數，才有幾何學上的點，有了點才有

線、面和立體，有了立體才有火、氣、水、土（當時希臘人認為構成萬物的四種基本元素），所以數在物之先，「數是萬物的本質」，是「存在由之構成的原則」。

「你這是胡扯！」哲學家不屑地一甩袖子，揚長而去。

「對！胡扯！詭辯！」看熱鬧的人們也搖著頭，譏笑著，開始散去。

不僅當時的人們認為「萬物皆數」是胡扯，就是在今天，一般人也會認為這理論荒誕至極，甚至不知所云──世界明明看得見摸得著，怎麼可能是數？但奇怪的是，人類一而再再而三意外地發現，像畢氏所堅信的那樣，世界「骨子裡」有著無法解釋的數學之美，而且近兩千五百年後，一位頂尖的物理學家惠勒竟提出了現代版的「萬物皆數」。

這可不是個小問題。如果世界是數，那麼世界的邊緣在哪裡、我們為什麼會在這兒等問題的答案，都會和我們出發時所以為的截然

畢達哥拉斯

不同。一般人堅信世界不是數，但它是什麼？國中學過，物質是原子組成的，原子是原子核和電子組成的，但它們又是什麼組成的？這樣一級級「拆分」下去，到最終是什麼，人們並不知道。

小畢臉皮很厚，不是那種受點嘲笑就善罷甘休的人。他日復一日地宣揚萬物皆數，逮住誰就跟誰

地平說

　　人的信念是很難改變的，即使有如山的證據，還是有人認為地是平的。

　　地平說認為，世界像個碟子，中心是北極圈，最外面有一道45公尺高的冰牆，防止海水流出去。太陽和月亮比科學中說的小得多，而且離地球很近。信奉者指責眾多國家、組織（如NASA）聯合起來矇騙大眾，他們堅信所有的教科書都是騙人的，衛星、航太飛船拍的照片全是假的。

　　地平說由來已久。《聖經》中《新約‧啟示錄》寫道：「我看見四位天使站在地的四角……」，這令許多虔誠的基督徒堅信大地是平坦、四方的。1883年，英國作家薩繆爾‧羅伯塔姆（Samuel Rowbotham）在英國和紐約成立了地平說協會。他去世後，伊麗莎白‧布朗特夫人（Lady Elizabeth Blount）於1895年在倫敦成立了國際調查協會，出版了《地球非球體評論》雜誌，主張「《聖經》是自然界不容置疑的權威，信奉地圓說者不是基督徒」。2004年，丹尼爾‧申頓（Daniel Shenton）重建地說協會，在網路上設立了一個地平說論壇，引起廣泛討論。2009年，他發佈了協會的新官網（theflatearthsociety.org），開始接受新會員註冊，截至2017年，該協會約有500名會員，包括幾位著名的美國黑人球星。

奧蘭多‧費格遜於1893年繪製的地平說地圖

說，有正事要忙的薩摩斯人民像中國百姓躲避夸父那樣躲著他。年復一年，溫厚的島民們用極大的耐心忍受著他，直到西元前 535 年，他們終於忍無可忍，把他趕出了小島。他被迫遷往埃及。

不和諧導致和諧

畢氏為現象背後的數學規律著迷。他發現，當樂器的弦長之間符合一定比例時（他稱之為「和諧」），它們彈奏出的音符放在一起才會好聽。

幾乎在同一時代，中國人也發現了這個規律，並基於它發明了編鐘。編鐘是合金鑄造的，只有當它們的重量、成分符合特定的數學關係，敲擊出來的聲音才會好聽。

畢氏認為，「和諧」不僅是音樂的本質，也是整個宇宙的法則——世上所有的事物都是「和諧」的。他說：「什

畢達哥拉斯研究聲音與規律

麼是智慧呢？是數。什麼是最美的呢？是和諧。」天體的運行像音樂一樣，遵循著某種「和諧」——它們依照數字所規定的間隔和次序，圍繞一個共同的中心旋轉。

但美與和諧是人心裡的感受和判斷（是主觀的、意識的），而宇宙和數學是身外的東西（是客觀的、物質的），為什麼心裡想的和外面的世界之間有這種深刻的關係？在探索世界邊緣的旅程中，我們將一次又一次看到這種神秘的關係。在研究「和諧」的時候，畢氏發現

了一個就擺在人們眼前，卻很少有人發現的真理：和諧是由彼此對立的元素組成的。例如，高音和低音是彼此對立的，但如果只有高音，沒有低音就無法悅耳。繪畫也一樣，白和黑是彼此矛盾的，但只有白沒有黑是無法作畫的。

所以畢氏認為，音樂之美是聲音中對立的因素（高與低、強與弱、快與慢）的和諧統一，「雜多導致統一，不協調導致協調」。在常人眼裡，「雜多」和「統一」、「不協調」和「協調」是截然相反、水火不容的，畢氏卻認為它們是互為因果、彼此相生的。沒有雜多，哪有統一？沒有不協調，哪有協調？

就在畢氏感嘆於對立事物間的辯證統一時，在遙遠的中國，有個人也發出了類似的感嘆。

被當成神崇拜的圖書管理員

此人與畢氏出生年月相近，姓李，陳國苦縣人（今河南省鹿邑縣），是周朝王室圖書館館長（「周藏室之史」）。管理圖書一般是個輕鬆活兒，但給皇室管理圖書卻不容易。如果周王把一本書拿走沒還，催促或罰款是行不通的，只好辛辛苦苦在竹簡上再刻一本，而且字兒還不能刻差了，周王看到不悅是要掉腦袋的。

所以李館長對本職工作毫無興趣，而是天天做白日夢，幻想騎著自己的青牛出走。像畢氏一樣，他想到了對立統一的奧妙，激動不已，如鯁在喉不吐不快，於是把思想刻成書（只有五千多字），流傳了下來。

後人驚嘆於這些文字的玄妙，稱之為《道德經》[3]，將其廣為流

傳，把李館長尊稱為老子（約公元前 571 年—前 471 年），甚至供奉成神，成為道教中的太上老君。

老子做出了和畢氏類似的發現：事物都是由矛盾的兩面組成的，它們看似對立，實則互為因果，缺一不可。他感嘆道：「天下皆知美之為美，斯惡已；皆知善之為善，斯不善已。故有無相生，難易相成，長短相形，高下相傾，音聲相和，前後相隨。」（天下人都能認清美好的事物，是因為醜的存在；都能認清善良的事物，是因為不善良的存在。所以「有」和「無」因互相對立而誕生，難和易因互相對立而形成，長和短因互相對立而體現，高和下因互相對立而存在，音和聲因互相對立而和諧，前和後因互相對立而出現。）

老子給矛盾的兩個對立面取了名字，叫「陰」和「陽」，將它們間的辯證關係總結成了陰陽理論。他認為，「萬物負陰而抱陽，沖氣以為和」（萬物背陰而向陽，並且在陰陽二氣的激盪中成為和諧體）。陰與陽相互依賴、相互轉化，「反者道之動」（陽極生陰，陰極生陽，物極必反）。這種對立統一在現實的所有方面和維度中體現出來。例如，幸福和痛苦是一對陰陽，人們都追求幸福，但只有幸福沒有痛苦的生活是不存在的，而且「禍兮福之所倚，福兮禍之所伏」。

後人基於陰陽理論繪製了陰陽太極圖，這是一幅簡單而對稱的圖案，被譽為「中華第一圖」。陰和陽互補地纏繞在一起，共同組成一個整體。而且陰的最

陰陽太極圖

---

3 《道德經》又稱《道德真經》《老子》《五千言》《老子五千文》，分《道經》和《德經》上下兩篇。

核心處是陽；陽的最核心處是陰，反映了「陰中有陽，陽中有陰」的道理。

　　陰陽理論是一種哲學，畢氏循著數學的道路，卻抵達了哲學的王國。哲學和數學是兩隻思想的翅膀，可以幫助我們到達身體無法到達的地方。而且數學的基礎是哲學，哲學的內核是數學，它們有著異曲同工之妙。

　　畢氏插上了這兩隻翅膀，應該能在思想的領空盡情翱翔了吧？不幸的是，他晚年墜入了一個看不見的牢籠，導致他的追隨者們成了殺人犯。

數學兇殺案

　　為了宣揚自己的思想，畢氏創建了畢達哥拉斯學派。這是個有著濃厚宗教色彩的組織，其成員都要經過嚴格的篩選，一般在數學方面

有所建樹。他們共用財產，信奉清規戒律，舉行獨特的儀式，吃簡單的食物。畢氏從被人嘲笑的謬論傳播者昇華成了「真理的化身」，學派成員對他像神一樣崇拜，絕對信奉其教誨。

例如，畢氏相信任意數均可用整數及分數表示，並不存在無限不迴圈的數，他的弟子們也像基督徒對《聖經》一樣，對這一理論深信不疑。讓我來解釋一下，這信念是什麼意思。如果把數字比喻成道路，畢氏相信任何道路要麼有終點（即位數有限，如 3.14，僅三個數字就結束了），要麼結尾是個圓圈（即無限迴圈，如 3.141514151 415……，「1415」無限地迴圈下去）。當時，這兩種數被認為「理所當然」，所以統稱為「有理數」。

但存不存在無窮無盡而又毫無規則的道路呢？也就是說，有沒有無限不迴圈的數（如 3.1415926……，後面跟著無窮位隨機的數）？沒有！畢氏堅信。這類數顯得「毫無道理」，所以被統稱為「無理數」。

畢氏晚年的時候，弟子中出了個大逆不道的，叫做希伯索斯（Hippasus），居然認為無理數存在，而且提出了縝密的數學證明。畢氏學派對這一「異端邪說」很恐慌，竭盡所能封鎖其傳播。他們認定希伯索斯違背了畢氏教誨，觸犯了教規，對其群起而攻。希伯索斯被迫逃往他鄉，學派的人四處追捕他。

西元前 500 年，在一個風雨交加的夜晚，希伯索斯在一艘海船上被抓到。船在巨浪中劇烈地搖晃著，海浪和雨水輪番衝擊著甲板，發出震耳欲聾的巨響。被五花大綁的希伯索斯躺在甲板上，全身濕透，原本就很稀疏的頭髮耷拉在額頭上。長期的逃亡讓他的身體像片

樹葉那麼單薄，一個巨浪打來，他滑出幾米，咳嗽著，大口地吐著海水。

在他周圍，站著七八個抓獲他的畢氏學派成員，雙腿分得很開，生怕摔倒，個個淋成了落湯雞。其中一個舉著火把，火焰在風雨中呼呼地搖曳著，忽明忽暗。這些平日文質彬彬、手無縛雞之力的數學家們，就像常年風和日麗但此時波濤洶湧的地中海，露出了猙獰的一面。在他們因憎惡而佈滿血絲的眼睛裡，希伯索斯是個叛徒、大騙子，他關於無理數的謬論會毒害全人類的心靈，必須現在就消滅。

一位數學家怒吼道：「只要你承認無理數不存在，我們就饒你不死！」

希伯索斯半天沒出聲，要不是他眼睛裡還有火把的反光，追捕他的人還以為他已經被水嗆死了。

「但它們存在，」他用微弱的聲音說，「有無數多個！」

「胡說！拿一個給我看看！」

「$\sqrt{2}$就是個無理數！」

「那只是因為還沒算出最後一位！」

一位年長的數學家不耐煩了，「跟這瘋子廢什麼話呀？扔進海裡不就結了？」數學精英們七手八腳，有的抬胳膊，有的抱大腿，把希伯索斯抬起來，放在船側上。

「$\sqrt{2}$沒有最後一位！」希伯索斯說。

沒有一個畢氏學派成員做聲，他們使勁一推，希伯索斯就像一塊石頭落進大海，轉眼就不見了。一陣驟雨襲來，火把閃動了幾下，隨即熄滅了。

在今天，無理數是個國中生就知道的常識，沒有誰會對接受無理數有「心理障礙」，而且絕大多數人都不知道有人曾因發現無理數而死。許多讀者會覺得希伯索斯死得冤枉，這種衝突真是小題大做。

難道有什麼證據說明無理數不存在嗎？沒有。無理數根本就存在。難道無理數很少，以至於很難發現嗎？不是。π，$\sqrt{2}$，$\sqrt{3}$……全是無理數，今天我們知道，有理數是可數集，無理數是不可數集，它們之間有集合勢的差別。

最有意思的是，世上的任何量（如長度、溫度、速度等）可以因為所選擇單位的不同，既是無理數，又是有理數（參見下頁「既是無理數又是有理數」小邊欄）！無理數和有理數，就像高音和低音，黑和白，不僅不是勢不兩立的，而且是缺一不可的。它們像一張紙的兩面，是無法分開的。

那麼，畢達哥拉斯學派為什麼非要把希伯索斯殺死才後快呢？因為在他們的腦子裡有一個無形的籠子，他們無法想像籠子外的事物是可能的（雖然無法證明這種不可能），因此不敢越雷池半步，也不許別人跨過雷池。隨著人類智慧的增長，這個籠子在不斷擴大，但它仍然存在。世界是無限的，有限的是人類的想像力和探索未知的勇氣。

畢氏去世後一百多年，亞里斯多德（Aristotle，西元前384—前322年）觀察到，月食時地球打在月亮上的影子是圓的，推斷地球確實是個球體[4]，後來相信的人越來越多。

---

4 直到兩千多年後（1521年），葡萄牙航海家麥哲倫（Ferdinand Magellan，1480—1521）所領導的環球航行才證明地球確實是球形的。

既是無理數又是有理數

任何一個數位描述，根據單位的不同，既可以是有理數，又可以是無理數。

要用數描述任何東西，都離不開單位。比如，要描述兩個蘋果，用「個」做單位就是「2」（「2個」），用「對」做單位就是「1」（「1對」），用「半」做單位就是「4」（「4半」）。而且任何丈量單位都是人為的選擇，中國人用尺，英國人用英尺，一般科學家用公尺，天文學家用光年，不存在哪一個比另一個更「理所當然」。

要用數描述一個正方形的邊長，也必須先選擇長度單位。如果用邊長本身作單位（權且叫它「光子米」），則邊長為1「光子米」（如下圖所示），為有理數。

但我們也可以選用對角線的長度做丈量單位。如果定義對角線為1「光子米」（如下圖所示），則邊長為 $1/\sqrt{2}$ 「光子米」，是無理數。

同一條邊長，因為丈量單位的不同，有時是有理數，有時是無理數！

現實中的測量，如溫度、速度等，都可以表示成一條線段的長度，所以它們都可以既是有理數，又是無理數。這說明任何描述都不是絕對的，會因為觀察者所選取的單位的不同而改變。

假設用邊長為測量單位

假設用對角線為測量單位

因為發現地球是圓的，人類所認知的世界比夸父時代大了很多——世界不再是個二維的「大平板」，而是一個三維的球體，懸在浩瀚宇宙之中；世界的邊緣不在大地上，而在天空中。

但這邊緣究竟在哪裡？古希臘人就算知道答案，也說不出來，因為他們沒有描述巨大數字的單位。當時人們在日常生活中用到幾百、幾千就了不得了，最大的數字是一個 Myriad，即 1 萬，沒有億、兆之類的數字單位。

但這問題沒難倒一位自信的希臘人——現成的數不夠大？可以發明更大的數啊！

最會作秀的理科生

他的名字叫阿基米德（Archimedes，西元前 287 年—前 212 年），誕生於希臘西西里島錫拉庫薩（Syracuse）附近的一個小村莊。他出身貴族，是錫拉庫薩赫農王（King Hieron）的親戚，家境豐裕。

阿基米德是數學家、物理學家兼工程師，但與那些不擅言辭、木訥、學究的理科生不同，他很會用震撼的方式表達思想。為了讓人們知槓桿的威力，他說「給我一個支點，我就能撐起地球」，從而讓後人永遠地記住了他。

在英文中，這種能力叫做「showmanship」，可以意譯成「以實力為基礎的作秀」。現代人中，這能力最強的要數賈伯斯，為了表現蘋果電腦的輕薄，他別出心裁地把它從牛皮紙信封裡拿出來，讓人們永遠地記住了這款電腦。

阿基米德想要找到宇宙的邊緣，當然不能就在餐巾紙上算算就草

草了事，他決定用一種新奇的方式描述世界的巨大——先用細沙把宇宙填滿，然後數沙粒的數目！因此，他寫了一部作品，叫做《數沙者》（The Sand Reckoner），是對當時錫拉庫薩國王蓋隆（King Gelon）的演講稿。

書的開篇寫道：「蓋隆國王陛下，有些人認為沙的數量是無限的……但我將通過您能理解的幾何方法試著向您證明，我在這項獻給宙斯的研究中提出和命名的這些數字，其中一些不僅超過了按照我的描述填滿地球所需的沙粒數量，而且還超過了填滿宇宙所需的沙粒數量。」

瞧瞧人家，撬就得撬地球，演講就得給國王聽，研究就得獻給宙斯，數數就得數裝滿宇宙的沙粒，有想法但說不出的理科生們可以向阿基米德學習。

但不管你把宇宙裝滿沙粒還是芝麻，要知道最終的數目，還是得知道宇宙的體積。這也難不倒阿基米德，因為與他同時代的薩摩斯人阿里斯塔克斯（Aristachus）已經估算出，從地球到宇宙邊緣的距離是 10000000000 個視距（stadia，音譯為斯塔德），他只要照搬過來就可以了。視距是一個以賽跑場為基準的長度單位，相當於約 180 公尺，所以阿基米德所認知的宇宙的半徑約為 1800000000000 公尺，即 18 億公里。這世界比土星的軌道略大一些，與今天人類的認知比起來真是微不足道，但和夸父僅僅 4000 公里半徑的世界相比，它大了約 10 兆倍 5，即 10^{17} 倍。這數字極其巨大，如果把 10^{17} 個原子一

---

5 為了便於比較，在此處把夸父的世界計算成了一個 4000 公里半徑的球形。

個接一個地排起來，足可以排一萬公里長。在當時，人們覺得這世界大得不能再大了。

世界的結構是什麼？人們看到大地靜止不動，而太陽、星星東升西落，自然就得出了所有星球都繞著地球轉的結論，這就是所謂的地心說，後來被托勒密（Claudius Ptolemaeus，約90—168）發展完善。地心說認為有個看不見摸不著的「天球」，地球和其他所有星球都在「天球」（orbium）[6] 裡，因為「天球」的轉動而轉動。

居於宇宙的中心，被所有的星星圍著轉，人類感到既舒適又自豪。儘管托勒密不是基督徒，在他死後一千多年，基督教會仍在熱烈地宣揚地心說，想利用它證明教義中所描繪的天堂、人間、地獄的圖像。在歐洲，幾乎人人相信地心說，直到一位「業餘」天文學家打破了這個教條，他的思想讓人類所認知的世界又擴大了成千上萬倍。

臨終出版的書

1543 年 5 月 24 日，雖然理應是初夏，波蘭北部的濱海小鎮弗隆堡（Frombork）仍然寒風颼颼。入夜了，潮濕的海風凝結成霧，把古老的弗隆堡大教堂裏得嚴嚴實實，長滿青苔的石牆上濕漉漉的，晦暗的彩繪玻璃窗裡透出一線微光。窄小的房間裡只點了一支蠟燭，橘黃色的光芒一閃一爍地跳躍著，勾勒出病榻上老人蒼白、瘦削的臉。他雙眼緊閉，不省人事。

梭爾法醫生心情沉重地看著病人，知道他活不過今天晚上了。一

---

6 許多後來的翻譯家們想當然地把「orbium」翻譯成了「天體」，《天球運行論》也就被長期誤譯成了《天體運行論》。

渾天說與蓋天說

當西方人把搜尋世界邊緣的目光從大地移向天際，中國人也開始意識到大地可能是球形。戰國時期（西元前475－前221年），中國出現了渾天說，認為世界像個雞蛋，大地像其中的蛋黃，是球形的，天包著地，如同蛋殼包著蛋黃一樣。

當時，和其他國家比較起來，中國天文學還是很先進的。東漢天文學家張衡（78年－139年）在《渾儀注》中寫道：「渾天如雞子，天體圓如彈丸。地如雞子中黃，孤居於內，天大地小。天表裡有水，天之包地，猶殼之裹黃。天地各乘氣而立，載水而浮。」他甚至發現了月亮陰晴圓缺的原理，在《靈憲》中寫道：「月光生於日之所照；魄生於日之所蔽。當日則光盈，就日則光盡也。」（大意是說：月亮上亮的部分是因為被太陽光照耀，暗的部分是因為沒被陽光照到。）據說他也發現了月食的原理。

世界這顆「雞蛋」外面是什麼呢，張衡承認不知道，說宇宙可能無窮大：「過此而往者，未之或知也。未之或知者，宇宙之謂也。宇之表無極，宙之端無窮。」

雖然渾天說比主張「天圓地方」的蓋天說更符合觀察到的星象，卻並未立即取代後者，而是並存了兩千年。從南北朝起，有人試圖把兩者結合起來，出現了「渾蓋合一」的理論。如北齊的信都芳說：「渾天覆觀，以《靈憲》為文；蓋天仰觀，以《周髀》為法。覆仰雖殊，大歸是一。」（大意是說，渾天說是從上往下看，蓋天說是從下往上看，基本上只是看問題角度不同。）梁朝的崔靈恩也認為「渾蓋合一」：「先是儒者論天，互執渾、蓋二義，論蓋不合於渾，論渾不合於蓋。靈恩立義以渾蓋為一焉。」用今天的宇宙觀看，這種結合和真實情況是符合的。

但中國天文學家們始終沒有把這件事弄個水落石出，似乎也沒想到地球和太陽誰繞著誰轉的問題。至少直到唐朝，中國人都把天上的星宿和地上的州域聯繫在一起，根據地上的區域來劃分天上的星宿，認為某星是某國的分星，某某星宿是某某州國的分野，這就像說南極星僅僅在湖南上空，而北斗星僅僅在湖北上空那麼荒唐。

年多前，老人腦中風，癱瘓在床。從此，他的身體像燃盡的油燈，每況愈下。今天他再次昏迷，醫生在等他醒過來，要給他看一眼剛剛收到的書——也許能讓他更容易割捨人間，釋然地踏上去天國的路。

醫生把又厚又重的書放在膝蓋上。它是剛印出來的，還散發著油墨的香味。書的封面是皮製的，很深的褐色，壓製有精美的花紋。封面和封底之間有兩個金屬扣子，以確保書在合上時緊致地併攏而不散開。

這本書耗費了病人三十多年心血，和他今天精力耗竭的狀況不無關聯，但病人對書的內容一直守口如瓶，而且對出版一拖再拖。醫生很好奇，書裡究竟寫了些什麼稀世真言？

病人毫無聲息地躺著，醫生無事可做，於是小心翼翼地打開書。但剛翻了幾頁，他的表情就從凝重變成了不安，繼而幾乎鄙夷。他鼻子裡哼了一聲，翻的速度也越來越快了。他開始可憐床上躺著的這個人——書裡一派胡言，許多常識都弄顛倒了，而且達到了瀆神的邊緣。

老人輕輕咳了一聲，眼皮慢慢地睜開了。醫生趕緊放下書，扶他吃力地坐起來，把一個枕頭墊在他身後，然後把書放在被子上。老人原本無神的眼睛裡有光閃動了一下，就像一位剛剛經過精疲力盡的分娩的母親，第一眼看到新生的嬰兒。他眼裡湧出一滴濁淚，瘦骨嶙峋的手開始劇烈地顫抖，但無力挪動。醫生趕緊托起他的手，放在冰涼的封面上。

醫生猶豫再三，終於忍不住問了個這個時候最不適宜的問題：「地球如果在繞著太陽轉動，為什麼大地紋絲不動啊？」

老人嘴角抽搐著，卻發不出聲音。他似乎用盡了全身力氣，在封面上摸了一下，就不動了，眼睛安詳地閉上，離開了讓他感到壓抑和恐懼的人間。他摸的地方鏤有他名字：哥白尼（Nicolaus Copernicus，1473—1543）。這本書叫做《天球運行論》，提出了和當時統治世界的地心說截然相反的日心說。

不務正業的教士

許多人誤以為哥白尼是天文學家、反基督教鬥士，他們哪裡知道，哥白尼是個虔誠的基督徒，根本就是個教士，只是在業餘時間研究天文。他曾在博洛尼亞大學（Bologna University）和帕多瓦大學（University of Padua）攻讀基督教會法、醫學和神學，後來在費拉拉大學（University of Ferrara）獲得教會法博士，成年後的大部分時間在當教士，也行醫。

《天球運行論》英譯本的導言寫道：這本書並不是「在不受干擾的安寧環境中寫就的，而是一個擔心丟掉飯碗、偶爾還得在煩擾不斷的大教堂教士會任職的成員，利用點滴的空閒時間撰寫的」。一個教士研究天文，豈不是不務正業？他之所以這麼做，是出於對上帝的虔誠，因為他認為當時的天文學家都不稱職，沒能充分展現上帝的偉大和美。

當時的天文學是基於地心說的，

哥白尼

導致許多星球運行的軌跡用數學描述的時候極其複雜、「醜陋」。如果把宇宙比作一個圓，那麼天文學就像是要找到描述這個圓的方法。假如你找到圓心，直接說「和該點等距離的點組成的一圈就是圓」就可以了，簡單而「優美」。但如果你誤把不是圓心的地方當圓心可就麻煩了，圓上的點離「假圓心」有的遠，有的近，參差不齊，描述起來麻煩得多，也「醜陋」得多。

信奉完美上帝的哥白尼無法忍受這種「醜陋」，「對（以前的）哲學家們[7]不能更準確地理解這個由最美好、最有系統的造物主為我們創造的世界機器的運動而感到氣惱」[8]。他只好越俎代庖，自己挽起袖子來展現上帝的絕倫之美。

哥白尼這樣偉大的科學家竟是個教士，日心說這樣偉大的科學發現竟是出於對上帝的虔誠，即使在今天，許多人仍然無法想像。他們認為宗教和科學是水火不容的，只有相信無神論，才能得出正確的科學結論。他們腦子裡有兩個非此即彼的「格子」：一邊是有神論者的謬論，另一邊是無神論者的真理。我把這種狹隘的思維方式稱為「格子綜合症」。

這「格子」是荒唐可笑的，因為無數偉大的科學家，包括牛頓、愛因斯坦都是有神論者。在哥白尼時代，天文學和占星術甚全是同一門學科，「有些人稱之為天文學，另一些人稱之為占星術，而許多古人則稱之為數學的最終目的」[9]。繼哥白尼之後的著名天文學家克卜

---

7 當時科學這個詞還未出現，研究科學的人被稱為哲學家。

8 哥白尼（1543），《天球運行論》。

9 哥白尼（1543），《天球運行論》。

勒（Johannes Kepler，1571—1630）的「終身職業」實質上是星相家，主要任務是替皇帝占星算命。克卜勒說：「當萬物有序，如果無法從元素的運動或物質的組成中推斷出其原因，那麼這原因很可能具有智慧。」他的遺稿中有 800 多張占星圖，他相信「新生兒的靈魂被他降生的那一瞬間的星象打上了永恆的烙印，他下意識地記得這個烙印，而且在類似的星象再次出現時會察覺」。

在本書中，我們將一次次看到，科學和宗教並非常人所以為的你死我活的宿敵，而是如影隨形的朋友。正如愛因斯坦所說：「科學離開了宗教是瘸子，宗教離開了科學是瞎子。」

哥白尼為什麼拖到生命的最後一天才出版《天球運行論》啊？難道他到晚年才想到書中的內容？不是。書中的主要思想，他 40 歲時就有了，當時他還寫了個約 40 頁的提綱，在密友中傳閱。但出不出這本書，他猶豫糾結了 30 年，因為兩個深深的恐懼。

一是怕教會打擊迫害。哥白尼感到特別委屈，因為自己對上帝的虔誠不遜於任何人，但把持教會的人可不管他虔不虔誠，他們自封為上帝的代表，反對他們，就是褻瀆上帝。

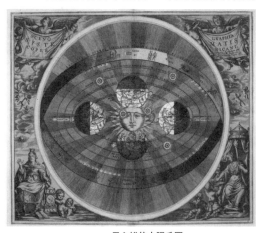

日心說的太陽系圖

二是怕被嘲笑。在那個年代，即使是說地球在運動，

也會被笑掉大牙，因為大地明明紋絲不動。哥白尼知道，迎接這本書的絕不會是鮮花和掌聲。

在序言〈致教皇保羅三世陛下〉中，他誠惶誠恐地寫道：「您或許想聽我談談，我怎麼膽敢違反天文學家們的傳統觀點，並且幾乎違反常識，竟然設想地球在運動。」……「如果學者們看到這類人（指那些『對天文學一竅不通、卻自詡為內行人的人』）譏笑我的話，也無需感到吃驚。」……「我不由得擔心自己理論中那些新奇和不合常規的東西也許會招人恥笑，這個想法幾乎使我完全放棄了這項已經著手進行的工作。」[10]

嘲笑，幾乎每次偉大的思想誕生時都會遇上它，難怪老子曾說，「不笑不足以為道」（如果不被嘲笑，就肯定不是偉大的智慧）。愛因斯坦也曾發出類似的感嘆：「偉大的思想總是遭到平庸意識的瘋狂抵制。平庸意識無法理解那種拒絕盲目地向傳統偏見低頭，而選擇勇敢誠實地表達意見的人。」

哥白尼的邊緣

對哥白尼來說，宇宙是什麼形狀呢？《天球運行論》的第一句就說：「首先應當指出，宇宙是球形的，這或許是因為在一切形狀中，球形是最完美的。」[11]這多像畢達哥拉斯啊，只是他把「完美的球形」運用到了更大的領域——整個宇宙。

---

10 哥白尼（1543），《天球運行論》。
11 哥白尼（1543），《天球運行論》。

但他也受到那個時代的限制，相信「天球」。書名《天球運行論》（De Revolutionibus Orbium Coelestium）中的「Orbium」，指的就是「天球」[12]。他認為「太陽是宇宙的中心」，而且「天球」的最外面是一層靜止不動的「恆星天球」。

「天球」有多大呢？哥白尼承認不知道：「天不知道要比地大多少倍，可以說尺寸為無限大。」……「天的尺寸比地大很多，但究竟大到什麼程度則是完全不清楚的。」[13] 因為他提到了「無限大」，他所認知的宇宙應該比阿基米德的宇宙大。

哥白尼逝世後一百多年，「天球」的觀念仍然根深蒂固地統治著人類，直到一個年僅 22 歲的小夥子僅僅憑思想就證明「天球」並不存在，使人類衝破了它的束縛。

---

12 許多後來的翻譯家們想當然地把「orbium」翻譯成了「天體」，《天球運行論》也就被長期誤譯成了《天體運行論》。

13 哥白尼（1543），《天球運行論》。

時空框架的邊緣

如果一個人不懂得宇宙的語言，即數學的語言，他就不能夠閱讀宇宙這本偉大的書。

——伽利略

無論對於夸父、畢達哥拉斯、阿基米德還是哥白尼，神聖的天國都遙不可及。那裡住著神，有著和人間不同的律法。可憐的人類被束縛在地球表面，對天空只能仰望和膜拜。

但我們已經知道「迷宮」的邊緣不在地球上，不去天國，如何能找到它？讓我們插上思想的翅膀，去揭開天國的秘密。

失敗的農民

1643 年 1 月 4 日是耶誕節（我沒搞錯，當時英格蘭仍使用著舊的儒略曆，所以那天是 1642 年的耶誕節），英格蘭林肯郡的伍爾索普莊園（Woolsthorpe Manor）裡，　個農民家庭喜氣洋洋，熱切地期待著一條新生命的誕生。忍著陣陣劇痛分娩的母親是個新寡，就在三個月前，她丈夫去世了。午夜剛過一小時，一個男嬰呱呱墜地。因為早產，他瘦小得出奇，「可以裝進一夸脫（大約一公升）的杯子裡。」母親後來回憶說。

她憂心忡忡地看著瘦弱的孩子，暗暗許了個願望：希望他能健壯

起來，成為一個幹農活的好手。但男孩長大後未能如她所願，幹起農活來不僅糟糕透頂，而且心不在焉。這雖然令母親失望，卻著實是全人類的幸運，因為他在沒幹農活時所做的工作，讓人類對世界的認知前進了一大步。

這個嬰兒的名字叫艾薩克·牛頓（Isaac Newton，1643—1727）。

現代父母竭盡所能要給子女提供一個良好的家庭環境，為的是培育出像牛頓一樣的棟樑之才。但他們不知道的是，牛頓是在非常惡劣的家庭環境中長大的，不僅窮，而且缺乏親情。

他還不到兩歲時，母親再婚了，他對她和繼父非常敵視，曾威脅「要把他們連同房子一起燒掉」。於是牛頓被交給祖母撫養，直到9歲時繼父去世。

母親指望他務農以減輕家裡的貧困，但他熱愛讀書，對農活毫無興趣。11歲時，母親不得不送他到離家十幾公里的金格斯皇家中學

牛頓

讀書，他的生活中因此增添了些許陽光。他成績出眾，熱愛學習，對大自然的奧秘懷有強烈的好奇。他寄宿在一位藥劑師家裡，受到了化學試驗的薰陶。

16歲時，母親逼他退學務農，他雖然順從了，但耕作讓他很不快樂。所幸金格斯皇家中學的校長斯托克斯（Henry Stokes）說服了母親，他被

送回學校完成學業。他 18 歲進入劍橋大學的三一學院讀本科，四年後獲得學位，正趕上英國鼠疫流行，各大學都關閉了，他被迫回到家鄉。在接下去的 18 個月裡，他度過了一生中最有創造力的時光。

突破天上和人間的界限

在牛頓以前，人們認為天國是神住的地方，遙遠而神聖，主宰天國和人間萬物運動的律法理所當然不一樣，所以天和地是分離的，亞里斯多德甚至認為天上的物質是由水晶組成的。

人們以為物體運動是因為它們的「衝動」和「欲望」。哥白尼寫道，大地「是神聖的造物主植入物體各部分中的一種自然欲望，以使其結合成為完整的球體。我們可以假定，太陽、月亮以及其他明亮的行星都有這種衝動，並因此而保持球狀」[1]。石頭落到地上，是因為有「奔向地心的欲望」；月亮不掉到地上，因為它沒有這種「欲望」。

也許是初生牛犢不怕虎，牛頓認為物體沒有「衝動」和「欲望」，天上和人間都遵循著相同的規律，而這些規律可以用數學來表達。當時他只是個窮學生，沒有實驗室和資金，是如何做出如此重大發現的呢？他運用了一種所向披靡的利器，叫做「思想實驗」，說白了，就是在腦子裡「做實驗」。

月亮為什麼不從天上掉下來？他是這樣進行思想實驗的：在一座山頂上放一門大炮，向與地面平行的方向發射一枚炮彈。炮彈會飛行一段距離後落到地上。它速度越大，飛得就越遠。地球是圓的，只要

---

1 哥白尼（1543），《天球運行論》。

天圓地方與君尊臣卑

牛頓生活的年代在中國是明末清初。大清閉關鎖國，絕大多數中國人並不知道牛頓的理論。人們講究「務實」，財富積累要「短平快」，沒有哪個腦子正常的中國人會浪費時間去探討「蘋果為什麼會落到地上」之類沒用的問題。

蓋天說雖然漏洞百出（例如，若天圓地方，天地的邊緣就無法結合了），卻被滿清皇族推崇，因為它符合儒家「天尊地卑」的等級觀念。他們把「天尊地卑」和「君尊臣卑」關聯起來，主張君王執「天道」而圓轉，臣下執「地道」宜方正。在北京，清朝建的天壇是圓的，而地壇則是方的。

炮彈的速度足夠高，就能繞地球一整周，然後周而復始，一直轉下去。月球像這永不落地的炮彈一樣，在以很高的速度繞地球轉動。

通過這個思想實驗，牛頓發現了萬有引力定律：星球之間有萬有引力，其大小和它們之間距離的平方成反比，和它們質量的乘積成正比。

據傳說，這定律是因為蘋果從樹上掉下來砸在他頭上，他才想到的。牛頓本人對這故事不置可否，我認為是後人杜撰的——如果一個人要被蘋果砸頭才知道蘋果都是往下落的，他一定聰明不到發現萬有引力定律的程度。

思想實驗是個被科學家們頻繁使用的工具，但「思想實驗」這個詞就和「虛假的真實」一樣，是自相矛盾的。「思想」和「實驗」貌似截然相反——「思想」不是「實驗」，「實驗」不是「思想」，怎能混在一起？但一些頂尖的科學家卻將兩者合二為一，而且屢試不爽。

牛頓雖然堅信萬有引力定律，但對這種力本身卻感到困惑。星球之間隔著遙遠的真空，它們是如何彼此吸引的呢？他在一封信中寫道：「無生命無意識的物質，可以在沒有其他非物質因素介入的情況下，對其他物質起作用，在沒有相互接觸的情況下產生影響，這實在是不可思議。」後來，愛因斯坦也有同樣的困惑，並創造出廣義相對論來解釋。

哈雷

牛頓 41 歲時遇到了一個命中貴人——英國天文學家、地質學家、物理和數學家哈雷（Edmond Halley，1656—1742）。他比牛頓小十多歲，而且沒有牛頓聰明，卻成了牛頓的「伯樂」。他得知牛頓發現了萬有引力定律，立即就明白了其重要性，竭力鼓勵他發表，牛頓於是寫出了一生中最著名的著作《自然哲學的數學原理》[2]。

雖然這是本空前絕後的著作，除哈雷外卻無人重視，甚至籌措不到出版發行的資金。哈雷便毅然自掏腰包，幫助牛頓於 1687 年出版了此書。為了讓該書被更多人接受，哈雷甚至致信英國國王，做了深入淺出的介紹。

---

2 牛頓（1687），《自然哲學的數學原理》（拉丁文：Philosophiae Naturalis Principia Mathematica）。

波與粒子的宿怨

隨著這本書的傳播，科學界終於看見了牛頓理論的精美。人們就像一群住在山洞裡的野人，在他所創建的巍峨宮殿前頂禮膜拜。卻有一個桀驁不馴的，不僅不跪拜，反而聲稱這「殿堂」裡有他貢獻的磚瓦，此人叫胡克（Robert Hooke，1635—1703）。他揚言《自然哲學的數學原理》中關於萬有引力和距離的平方成反比的思想是他在通信中告訴牛頓的，牛頓至少應該提一下他的貢獻。牛頓雖然承認胡克確實給他寫過該信，卻堅稱自己在收到信之前就已經有此思想了，於是兩人爭論不休，成了科學史上著名的公案。

胡克絕非等閒之輩，牛頓還在讀大學時，他的聲望就已如日中天了。他發現了胡克定律，首次用顯微鏡看到並命名了細胞，於 1665 年發表了《顯微圖譜》（*Micrographia*）一書，是英國皇家學會（Royal Society）第一本主要的出版物。他興趣廣泛，多才多藝，在力學、光學、天文學、物理和化學等多方面都有傑出貢獻，被稱為「倫敦的達芬奇」、英國的「雙眼和雙手」。

牛頓第一次和他打交道，是 29 歲（1672 年）當選皇家學會會員時。牛頓興奮地給學會寄去了一篇論文，提出了一個自認為是劃時代的發現——光是由粒子組成的，就像一顆顆微型的子彈。牛頓發現三稜鏡可以將白色的日光分解成紅橙黃綠藍靛紫七種顏色，所以他認為，白光是由七種不同顏色的粒子混合而成的。

在那之前的大約 20 年裡，以胡克為首的科學家們一直在宣揚「波動說」——光是一種波，就像水面的波紋一樣。因為胡克的聲望，極少人敢向波動說挑戰。

動等於靜

牛頓的發現之一是靜止和等速運動是同一回事。即使在以20萬公里每秒移動，和靜止不動也一樣。為了闡明這一點，我們來做個思想實驗。

假想你是個太空人，在太空中靜靜地飄著，你在一個漆黑一團的地方，周圍的星星遙遠得看不見。這時，你的耳機裡傳出一個聲音：「你是靜止的嗎？」

你檢查了一下自己全身，都沒有動。「當然！」你肯定地回答，「我是靜止的。」

這時，遠遠地出現了一個亮點，而且越來越近，原來是另一個太空人，他等速地從你身邊「滑」了過去。

「你還認為自己是靜止的嗎？」耳機裡的聲音又問道，「剛才那位太空人在動嗎？」

「是啊，我是靜止的，剛才過去的那位在等速運動。」你很肯定。

「但他認為自己沒動，而你在做等速運動。」在另一個太空人眼裡，你在運動，而他是靜止的。

你們的觀點完全相反，但都正確，因為你們用了不同的參照物（都是自己）。也就是說，即使你的狀態一模一樣，因為所選擇的參照物不同，你可以是靜止的，也可以是在做等速直線運動，這兩者無論在你的感受上，還是在物理的「實質」上，都是一樣的。無論多快的東西（除了光以外），只要你選擇同樣快的東西做參照物，它都可以被認為是靜止的。

這一現象看似簡單，卻有深遠的哲學意義。動和靜是一對陰陽，它們看似截然相反、矛盾對立，但其「實質」卻是等同的。與它們一樣，所有的陰和陽都顯得截然相反、矛盾對立，但它們的「實質」卻是等同的。

讓我再舉個例子。東和西是一對陰陽，它們貌似截然相反，卻是等同的。設想你沿著赤道或任何一條緯線向東一直走，走到東的「盡頭」，你會從西邊出現，反之亦然。也就是說，東可以是西，西也可以是東；東到極處是西，西到極處是東。東和西，只是相對於彼此而言的，其「實質」是一樣的。

「子彈」和「波紋」顯然有著天壤之別，乳臭未乾的牛頓在說偉大的胡克錯了，這還了得！但牛頓對自己的發現深信不疑，天真地以為真理面前人人平等，滿心希望聰明的胡克能理解和接受他的理論，回報他的卻是猛烈的抨擊。牛頓無法忍受這種狹隘和愚蠢，一度威脅要退出皇家學會。

　　用中文來說，可以說牛頓和胡克是八字不對，自那以後衝突不斷，持續了約 30 年。1675 年，牛頓的另一篇光學論文招來了胡克更猛烈的抨擊，認為文中大部分內容是從《顯微圖譜》中搬來的，只是做了些發揮。

　　兩人進行了一番英國紳士間特有的、彬彬有禮又暗藏殺機的通信。在致胡克的信中，牛頓寫道：「笛卡兒（的光學研究）邁出了很好的一步。閣下在一些方面又增添了許多，特別是對薄板顏色進行了哲學考慮。如果說我看得更遠一點的話，是因為站在巨人的肩膀上。」「站在巨人的肩膀上」日後成了牛頓的名言，但在這封信裡，他只是在諷刺胡克身材矮小、背駝得厲害。

　　後來，牛頓因為一系列劃時代的發現而日益受到崇拜，而暮年的胡克越來越少人理睬，變得憂鬱、多疑和忌妒，終於於 1703 年在備受疾病折磨後逝世。幾個月後，牛頓當選為皇家學會會長。他新官上任的三把火之一，是將學會搬到一個新地址，在搬遷中，胡克的所有收藏和儀器都悄沒聲息地「丟失」了。

　　隨著胡克消失在歷史的長河裡，他所主張的「光波動說」也幾乎銷聲匿跡。正如普朗克（Max Planck，1858—1947）所說：「一個重要的科學發現之所以取得勝利，很少是通過逐漸征服和轉變對手，

永遠消逝的畫像

夜深了，嶄新而氣派的皇家學會大樓裡空空如也，人們都回家了，但會長辦公室裡仍透出昏暗的燈光。牛頓愁眉不展，正為一個重大決定舉棋不定。他背著手，在嶄新的紅地毯上來回踱著步。

他頭上戴著的假髮，是全倫敦最著名的假髮世家的傑作，用來做假髮的馬尾毛已經有些發黃，上面撲了許多防蟲的白粉。他不是沒錢買新的，而是假髮越舊，所象徵的身份和地位越高貴，他不願意扔。他脖子上纏著雪白的圍巾，披著皇家學會特製的灰色袍子。畢竟是67歲的老人了，他有些佝僂，活像一隻禿鷲。

在他看來，面前這個難題比當初發現萬有引力定律容易不了多少。他在決定一幅胡克肖像的命運——是允許它繼續掛在皇家學會尊貴的牆上，還是把它毀掉。這是一副醜陋的畫像，尖嘴猴腮小眼睛，一看就不是好人。每次看到它，牛頓都會覺得一陣噁心。

他知道，胡克因為醜陋，生前不喜歡畫像，這也許是世間唯一的一幅，把它毀掉，後人將不再知道胡克的長相。他朝牆上那幅面目可憎的畫像看了一眼，心中湧起一絲憐憫。胡克啊胡克，你也算是個天才，和我鬥了一輩子，到如今卻什麼也沒落下。

那畫靜靜地掛在牆上，眼睛直勾勾地盯著牛頓。

他覺得脊樑一陣發涼，許多令他憤憤不平的回憶被勾了起來。顯微鏡不是你發明的，你只是發表了幾幅顯微鏡下看到的圖案就成了微生物學之父，簡直是欺世盜名！有權有勢的時候，你總是盛氣凌人、居高臨下，利用聲望打擊意見不同的科學家，活該也有今天！

牛頓不由得心頭火起，衝上去把畫扯下來摔在地上，又狠狠地踩了幾腳。畫裂了，胡克臉上滿是腳印，彷彿在哭泣。牛頓把畫從鏡框裡摳出來，撕了個稀巴爛，揉成一團，以免有人看出這是胡克的畫像，然後扔掉了。[3]

---

3 此故事是根據一些線索虛構的。胡克的畫像、收藏和遺跡確實是在此次搬遷中「丟失」的，但並無確鑿證據證明就是如文中所述那樣發生的。

而是對手都死光了。」「科學的進步是一步一個葬禮進行的。」

沿著科學走向神

因為牛頓的發現，人類對天界的敬畏和神秘感減低了許多。也許空靈的天際並非神居住的地方；也許神聖的星辰只是一塊塊被萬有引力拽著轉圈的石頭。

在牛頓眼裡，橫平豎直的空間和等速流淌的時間組成了一個永恆不變、僵硬獨立的「時空框架」，就像一個方方正正的盒子，星球萬物在這個「盒子」裡精確地按照數學規律運行。

可以根據一個星球現在的位置和速度，算出它一天、一年、一千年、一萬年後的位置和速度。宇宙就像一口碩大無比的「鐘」，只要知道它現在幾點幾分，就能算出未來任何瞬間幾點幾分，毫無懸念，直到永遠。

他的這個想法符合直覺，直到今天都是大多數人對世界的認知。如果世界是口「大鐘」，每個人可以被看作一口精密的「小鐘」，由大腦、身體等「部件」組成。既然「大鐘」的未來是確定、可預知的，「小鐘」的未來豈不也應該是確定、可預知的？那麼，人的命運豈不應該是確定的？無論人怎樣選擇，都無法改變未來，所謂的「自主意志」只是個假象。這是當今科學界最流行的觀點之一，它簡單地把人當成了機器，不承認除了原子、分子等「機械部件」以外，還有意識的存在。

意識是什麼？牛頓沒法回答這個問題，但他相信在能看到的物質以外，必須有更偉大的力量在起作用。他的邏輯很簡單：世界這口「大

鐘」不會憑空出現，而且不可能平白無故地開始運動，它需要「第一推動力」，一定是神創造了它，並上了「發條」，讓它滴答滴答地走起來。

牛頓活了 84 歲，僅僅在前半生研究正經的科學；後 40 年中，他忙於研究神學和煉金術，寫下了大本大本關於《聖經》的研究和預言，被後人稱為「最後一個煉金術士」。

許多人認為他是誤入歧途，從偉大的科學家「墮落」成了基督徒，他們真是大錯特錯——牛頓畢生都是虔誠的基督徒，他進行科學研究是為了膜拜上帝。他認為，世界是上帝創造的，是上帝神性的表現，人類可以通過研究科學去認識上帝，揭示上帝的偉大之手，而科學家最崇高的職責便是證明上帝的存在和認識他的完美。他高舉著「自然神學」的大旗，把自己看成是「自然的大祭司」。

他所信奉的上帝並非常人心中白髮蒼蒼、蓄著大鬍子，高興了就獎勵，不高興就懲罰的上帝，而是抽象的上帝。牛頓說：「他絕對超脫於一切軀體和軀體的形狀，因為我們看不到他，聽不到他，也摸不到他；我們也不應該向著任何代表他的物質事物禮拜。」……「他是永恆的和無限的，無所不能的，無所不知的。」[4] 這一點和佛教信仰很像。在《金剛經》裡，佛說：「若以色見我，以音聲求我，是人行邪道，不能見如來。」（也就是說，佛是看不見也聽不見的。）

比起相信世界在一個無形的「天球」中轉動的哥白尼來說，牛頓

---

4 牛頓（1687），《自然哲學的數學原理》（拉丁文：Philosophiae Naturalis Principia Mathematica）。

> ## 牛頓定律中的哲學
>
> 　　牛頓的定律看似複雜難懂，其實只是基於簡單的道理和哲學。以牛頓第二運動定律為例：「物體加速度的大小跟所受外力成正比，跟物體的質量成反比。」
>
> 　　假如把速度比作一個湖的水位，外力比作外來的水（下雨），而質量比作湖的大小，就容易理解了。牛頓在說：水位增高的速度（即加速度）和雨的大小成正比，和湖的大小成反比。這不是常識嗎？
>
> 　　再讓我們來看看牛頓第一運動定律：「任何物體都要保持等速直線運動或靜止狀態，直到外力迫使它改變運動狀態為止。」
>
> 　　牛頓在說：如果沒下雨，湖的水位就不變，要麼為零（速度為零，即靜止狀態），要麼是某個恆定值（速度恆定，即等速直線運動狀態）。
>
> 　　如果沒有外力來干預，物體的速度不會改變——原本靜止，不會無緣無故地動起來；原本等速直線運動，也不會莫名其妙地停下來，或改變方向。這是因果律的體現：任何結果都必須有原因；在沒有改變的原因時，就沒有改變的結果，就會守恆。從某種意義上說，守恆率是因果律的一個特例。

所認知的世界更加遼闊，但他卻說：「我不知道世人怎樣看我，但我自己以為我不過像一個在海邊玩耍的孩子，不時為發現比尋常更為美麗的一塊卵石或一片貝殼而沾沾自喜，至於展現在我面前的浩瀚的真理海洋，卻全然沒有發現。」後人多以為他這是在謙虛，但從後來的發現看，確實有個「量子的海洋」牛頓完全沒有發現。

　　導致這個海洋被發現的，是一個年輕的醫生，但他直到去世，都不知道自己所開闢的蹊徑，通向怎樣一個匪夷所思的世界。

自費出版物理論文的醫生

　　倫敦少有晴朗的天氣，有人把它比作一個美麗的女人，只是總在

哭泣。薄霧中，綿綿細雨已經飄了近一個星期。一個頭髮捲曲，額頭很高，面貌清秀的年輕人走在大街上，昂貴的皮鞋沾滿了泥漿，在濕漉漉的石板地上發出唭唭的聲響。他穿著考究的呢子大衣，雪白的襯衫，領子漿得很硬挺。

寒風中，他不由自主地縮了縮脖子。他腋下夾著一本薄薄的手稿，已被淋得半濕。這本其貌不揚，題為《聲和光的實驗和探索綱要》的冊子，已經被十多家出版社退稿。今天，他好不容易約到和一個出版社的總編見面，心裡七上八下，但又懷著一線希望。

楊格

這個人叫楊格（Thomas Young，1773—1829），從小就是個神童。21歲時，因為對眼睛調節機制的研究，成為英國皇家學會會員，23歲在德國哥廷根大學獲得醫學博士學位，27歲起在倫敦行醫。他叔父留下了一筆巨額遺產，使他在經濟上完全獨立，能夠把所有的才華都發揮在需要的地方。

雖然他的「正當職業」是醫生，他卻像哥白尼一樣「不務正業」，把大量時間「浪費」在物理、語言、考古等多個領域裡。

楊格被請進一間牆很厚、窗戶窄小、舊書味很濃的辦公室。「閣下的大作我仔細拜讀過了……」總編把手稿拿起來翻了兩下，又「啪」地扔回桌上。這論文他才讀了半頁就讀不下去了，要不是楊格家族很有錢，楊格又頂著最年輕的英國皇家學會會員的頭銜，他才不會浪費

時間見他呢。「據我所知，您是位傑出的醫生，怎麼會有閒情逸致，對光本性這樣艱深的物理問題感興趣？」

「我的職業並不重要，重要的是我證明了光是一種波……」

「啊，光是波，這讓我想起胡克那個倒楣蛋，這陳舊的理論早就隨他一起進墳墓了吧？」他用白皙的手捂住嘴，竭力壓抑住一個哈欠，但他那微微濕潤的眼睛似乎讓楊格有所察覺。

「光的波動說雖然鮮有人提，但並非是錯的，我設計的『雙縫實驗』為它提供了嶄新的證據。」

楊格的雙縫實驗很簡單：在一個不透光的屏上劃兩條相鄰的縫（他最初是用兩個針孔而不是兩條縫，但基本原理是一樣的），在後面平行地放一張屏。在有雙縫的屏前面放一個光源，後面的屏上會出現一排豎杠，這是因為穿過兩條縫的光互相干涉造成的，證明光是一種波。

「但波動說違背了偉大牛頓關於光是粒子的理論，顯然是錯誤

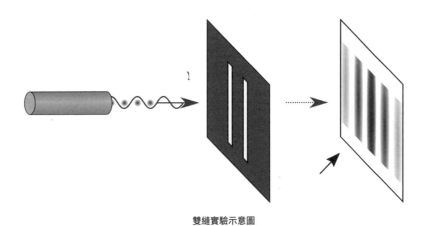

雙縫實驗示意圖

的！」總編掏出懷錶，瞟了一眼。

「儘管我仰慕牛頓的大名，但是我並不因此認為他是絕對正確的。」

楊格中學時就讀了《自然哲學的數學原理》，一直很崇拜牛頓，他多希望自己的實驗結果和牛頓的理論是一致的啊！

「我遺憾地看到，他也會弄錯，而他的權威有時甚至可能阻礙科學的進步。」

「牛頓阻礙科學的進步？！」總編騰地從椅子上站起來，「他就是科學的化身！」

牛頓逝世後的七十多年裡，已成為英國人心目中的「科學之神」，任何對他的挑戰都是褻瀆。「閣下的大作不太適合敝社發表。」總編帶著英國紳士那種近乎傲慢的禮貌說。

這篇論文是自牛頓以來在光學上最重要的發現，卻無處發表。牛頓的權威讓人們的大腦停止思考，心靈徹底關閉，連花一丁點時間理解「雙縫實驗」的興趣都沒有。正如愛因斯坦所說：「盲信權威是真理的最大敵人。」

這並非那個時代獨有的毛病，就是在今天，人們無論撞上什麼理論，第一反應還是問宣揚理論的人是否「正統」，門派是否「正宗」，職業是否「正當」，而不是探究理論本身是否有道理。這些以「正」字開頭的詞是禁錮著人類心靈的一個牢籠，我把它叫做「『正』字牢籠」。

最終楊格只好自費出版，但迎接他的是嘲諷和打擊，有人說他是瘋子，更多的人甚至無心理會他在說什麼。這令他十分沮喪，於是把

興趣轉向了考古學研究，最先破譯了數千年來無人能解讀的古埃及象形文字。他建樹頗多，卻在 56 歲就早早去世。

連楊格自己都沒想到，雙縫實驗在人類習以為常的「現實」布幕上撕開了一條裂縫，得以窺視它後面隱藏著的神秘世界。請暫時按捺一下好奇，在本書的後半部，我們終將到達這個世界。

讓我們在尋找世界邊緣的路上繼續前行。宇宙究竟有多大？它真像哥白尼說的那樣是球形嗎？一個頗有名氣的音樂家，發現宇宙不是球形而是盤狀的，它的半徑比阿基米德所說的 18 億公里大得多。

輸在起跑線上的孩子

至少在科學方面，許多中國父母會說赫歇爾（Friedrich Wilhelm

赫歇爾

Herschel，1738—1822）「輸在了起跑線上」，因為他父親只是個軍樂師，而且因家境所迫，連大學都沒讀。

他出生在德國漢諾威，16 歲就離開了學校，像父親一樣在禁衛軍樂團裡當小提琴和雙簧管演奏員。18 歲時，德法間的「七年戰爭」爆發，第二年，法國佔領了漢諾威。這年輕人討厭戰爭，於是當了逃兵 5，渡海到了

---

5 他是否是真正意義上的逃兵，在歷史學家間尚有爭論，但這一點已不重要——如果不當逃兵意味著一個 19 歲的音樂少年要在無聊的戰爭中當炮灰，那當逃兵也許是正確的選擇。

倫敦。

赫歇爾的音樂天賦拯救了他。他28歲成為英國巴斯（Bath）著名的風琴手兼音樂教師，30歲就已經在音樂上功成名就，生活富足。要是一般人，不會在這個年齡放棄欣欣向榮的事業，去追求什麼夢想，但他不是一般人。

他有一個不僅不賺錢而且和音樂毫無關係的夢想——探索璀璨的星空。銀河為什麼看上去像條河？宇宙是什麼形狀？他沒有像許多有夢想又不敢行動的人那樣磨嘰一輩子，而是說幹就幹！雖沒受過正規天文學教育，他決定自製望遠鏡觀察太空。35歲時，他親手製造了一架天文望遠鏡，可放大約40倍。

據說他一生磨製了400多塊反射鏡面，還製造出一架當時世界領先的口徑1.22公尺、鏡筒長達12公尺的大型反射望遠鏡。

夜復一夜，本可以靠音樂輕而易舉地賺錢的赫歇爾搜尋著孤寂的太空；年復一年，他用本可以彈出美妙音樂的纖長手指磨製著越來越大的鏡片。

因為熱愛，所以細緻；因為熱愛，所以能持久。43歲時，他發現了一顆新的行星——天王星，轟動一時，甚至驚動了英王喬治三世。六年後，他發現了天王星的兩顆衛星，八年後又發現了土星的兩顆衛星。

赫歇爾決定弄清天上的星星是怎樣分佈的。他把天空分成幾百個區域，然後數出每個區域中能看到的恆星數。他發現，越靠近銀河，單位面積上的恆星數目就越多，而在與銀河平面垂直的方向上星星數目最少。他明白了銀河為什麼看上去像條河——宇宙是盤狀的，從盤

子的中間沿著盤子的平面看出去，就會看到銀河。

這「盤子」有多大呢？當時人類還無法測算地球和太陽系外其他恆星間的距離，赫歇爾於是用地球到北半球天空中最明亮的恆星天狼星（Sirius，又稱為大犬座 α）的距離為單位，將其定義為「1 天狼星公尺」。基於星光的強度和距離的平方成反比的關係，赫歇爾算出了宇宙的大致尺度：寬約 1000 天狼星公尺，厚約 100 天狼星公尺。

我們今天知道，天狼星距地球約 8.6 光年，因此赫歇爾所認知的宇宙的半徑大約是 4300 光年，約 4 兆公里，比阿基米德所認為的 18 億公里大了約 2200 萬倍。又一次，人們認為世界已經大得不能再大了。

隨著科技的突飛猛進，銀河系的半徑也因為測量越來越準確而不斷「增大」，直到現在的約 5 萬光年 6，比赫歇爾的 4300 光年又增大了 10 多倍。

赫歇爾去世後 100 年裡，人類都不能肯定世界是否只有銀河系那麼大。就這個問題，兩位美國天文學家沙普利和柯帝士進行了著名的「大辯論」（被後人稱為「The Great Debate」）。沙普利認為宇宙就是「巨大的無所不包的銀河系」，而柯帝士則認為宇宙裡包含著許多和銀河系一樣的星系，但誰也沒能說服誰。

在今天看來，認為宇宙只有銀河系那麼大似乎很可笑，讓我們停

---

6 2018 年，由西班牙迦納利天體物理研究所和中國國家天文臺科研人員組成的團隊利用郭守敬望遠鏡（LAMOST）的資料和其他相關資料研究發現，銀河系的半徑可能不止 5 萬光年，也許大到約 10 萬光年。之所以不確定，是因為它的邊緣並非「清晰整齊」的，人類在越來越遠處發現了零星的恆星。

下來想一想這件事的意義。僅僅一百年前，人類都以為宇宙中只有一個星系，不知道其他約 1000 億個星系的存在。而這「約 1000 億個星系」只是我們今天的估算，就算有 1 兆個或更多，我們也不知道。但我們和以前每一代人一樣，自滿地認為自己發現的世界已經大得不能再大了。

人類確實像那隻被夸父放生的山蟻——先是爬到一塊巨石的邊緣，就以為到了世界的邊緣；然後爬到山崖的邊緣，又以為到了世界的邊緣；繼而爬到山腳，還是以為到了世界的「真正」邊緣。

幸虧人類沒在銀河系的邊緣止步。帶領人類走出銀河系的，是一位孝順的律師與一位輟學的看門人。

孝順的律師與輟學的看門人

律師出生在美國密蘇里州。8 歲時，祖父做了架望遠鏡送給他當生日禮物，從此他就愛上了天文，常常沉迷於觀察宇宙星辰。但他從事保險業的父親認為搞天文不是「正經」的工作，不夠保險，於是逼他本科讀了律師專業。儘管他學法律味如嚼蠟，還是因為孝順把學位讀完了。此時父親身體狀況很差，又在垂危的病床上要求他去英國牛津大學深造法律，他也照辦了。

他 21 歲來到英國，名義上是學法律，卻把所有空餘時間撲在天文上。被英國風氣所感染，他迷戀上了白石楠菸斗，配上雪白的襯衫、領帶和西裝，看上去是個十足的律師。他 24 歲時父親去世了，為解救家庭的經濟困境，被迫回到家鄉，在中學教物理和數學，也當籃球教練。一年後，他實在無法割捨對天文的熱愛，於是到芝加哥大學讀

天文學博士，並在葉凱士天文臺進行研究，28 歲拿到學位。

他就是哈勃（Edwin Powell Hubble，1889—1953），「哈勃望遠鏡」那個「哈勃」。1917 年，第一次世界大戰正酣，他應徵入伍，並很快晉升為少校。戰爭結束後，哈勃來到威爾遜天文臺從事研究，遇到了一個從長相到命運都幾乎和他相反的人。此人叫赫馬森（Milton La Salle Humason，1891—1972），比哈勃大 8 歲。

和高大瘦削、一派英國紳士風度的哈勃不同，赫馬森身材不高，微胖，戴著圓圓的眼鏡，渾身散發著美國農民老實的土氣。他 14 歲到威爾遜山參加夏令營時愛上了大山，便告訴父母要休學一年。父母顯然沒能拗過他，他便開始在新建的威爾遜天文臺旅館打工，幹些諸如照顧客人、洗盤子、餵牲畜之類的雜活。其後他就再沒回學校，做過在山間運送建築材料的騾車夫、園林工人領班、果農等工作。

1917 年，26 歲的赫馬森成了威爾遜天文臺的看門人。雖然只讀過初中，他卻對太空充滿著好奇，向研究人員學會了操作天文望遠鏡的技能，成為一名夜間助手。觀測星空的工作既枯燥又單調，赫馬森

哈勃

卻認為非常有趣，他一絲不苟地拍照，嚴謹認真地記錄。因為勤懇、努力，他被提拔為天文臺星雲和恆星照相研究室的正式職員。

儘管赫馬森出身卑微，哈勃卻被他的勤懇所打動，選定他做助手。兩人在山頂的天文臺裡度過了無數個漫漫長夜，「沒有做過這件事，就沒法

意識到有多冷。」赫馬森後來回憶說。

在赫馬森的協助下，哈勃在 1923 年左右算出仙女座（Andromida）在銀河系之外，從而證明宇宙遠不止銀河系那麼大。今天我們知道，仙女星系離地球約 250 萬光年，正以每秒約 110 公里的速度朝銀河系疾馳而來，約 40 億年後會與銀河系相撞並合併。

作為哈勃的得力助手，赫馬森 31 歲時被提升為助理天文學家，開始在天文學界嶄露頭角。和哈勃的合作結束後，他開始獨立研究，測量了遠達 2 億光年的星系的運行速度，隨後又和其他天文學家利用新的資料對哈勃定律進行了改進。1975 年去世時，他已成為舉世矚目的天文學家。

一個在牛津深造過的律師和一個國中程度的看門人，竟然共同對人類探索宇宙做出了卓越的貢獻。他們雖然出身、道路非常不同，卻有一個共同點：無論在何種境地下，都追尋著內心的渴望。他們沒有讓自己的過去成為累贅和負擔，認真傾聽自己內心深處的聲音，最終創造了精彩而有意義的人生。

哈勃的邊緣

對於哈勃這位目光遠大，開疆拓土的勇士，世界的邊緣在哪裡？他在 1934 年 4 月的一次講演中說，宇宙是個「大小有限的球體」，寬 60 億光年，由 500 萬億個星雲組成，「每個單元的亮度都是太陽的 8000 萬倍，質量是太陽的 8 億倍」，[7]（這些數字顯然是他的估算

---

7 摘自 1934 年 4 月 26 日的《泰晤士報》。

和猜測）。他所認知的宇宙半徑是 30 億光年，比銀河系的 5 萬光年大了 6 萬倍。人們對他所描述的宇宙之龐大驚嘆不已，又一次，他們認為世界大得不能再大了。

在這樣一個宇宙中，我們究竟在哪裡？地球在太陽系中，太陽系在離銀河系外緣約 1/3 處的獵戶臂上，銀河系在本星系群中，本星系群位於室女星系團的外圍，而室女星系團是本超星系團的一小部分。

這些名詞聽上去枯燥複雜，只不過是一系列越來越大的宇宙天體結構，下表是一個總結：

逐級增大的宇宙天體結構

宇宙天體結構	包含	直徑
銀河系	約 1000 一顆恆星	10-12 萬光年
本星系群	50[+] 個近鄰星系	約 1000 萬光年
室女星系團	2500[+] 個星系	約 1300 萬光年
本超星系團	50 來個星系團和星群	1-2 億光年
超星系團拉尼亞凱亞	10 萬個大星系	約 4 億多光年
宇宙	約 1000 億個星系	約 920 億光年

2014 年，天文學家們發現本超星系團也只是一個更加巨大的超星系團一部分。該超星系團被命名為「拉尼亞凱亞」（「Laniakea」），在夏威夷語裡是「無盡的天堂」的意思，用以向早期在太平洋中航行，並利用恆星定位的波里尼西亞人致敬。它的質量是太陽的 10 兆倍，銀河系在它的最邊緣。

超星系團目前被認為是宇宙大尺度結構中最大的組成部分，有著纖維狀和牆狀結構，圍繞在幾乎沒有任何星系的「空洞」周圍。在 4 億多光年的範圍內，所有星系團都在一個「吸引槽」內一起運動，就

像水流向地勢低的方向聚集一樣。

當人類一顆顆地數著星星，用越來越強大的望遠鏡向太空深處搜尋，都有一個理所當然到完全不需要證明的假設，就是牛頓所說的「永恆時空框架」存在，我們只是像山蟻一樣，在這個框架中一米一米地穿過空間，一天一天地消磨時間[8]。這個模型意味著宇宙是無限而且沒有邊緣的，因為假如我們找到了一個邊緣，總可以問邊緣之外是什麼？當我們找到新的答案後，又可以將新發現的部分涵蓋在更廣義的「宇宙」中，再次問邊緣之外是什麼？

當時的物理學家們並沒被「永恆時空框架」是否存在的問題所困擾，畢竟，這「框架」符合直覺。他們不斷為這個框架添磚加瓦，到了 1900 年，經典物理已經到了幾乎完美的程度，熱力學之父湯姆森（William Thomson，又稱開爾文勳爵或 Lord Kelvin）莊嚴宣佈：物理大廈已經落成，所剩的只是一些修飾工作，「物理之國土已無未開墾之地」。

大功告成的物理學家們在一種既欣慰又無聊的氣氛中度過了五年，一個年僅 26 歲的小夥子便把精美的「永恆時空框架」砸了個稀巴爛。他的思想讓人們意識到，物理學以及人類對世界的認知，不僅沒有走到盡頭，而且才剛剛開始。這位小夥子並非在物理象牙之塔中進行科研的「正宗」科學家，而是一個剛剛獲得正式工作的政府職員。

---

8 當然，人類比螞蟻有一種優越感，自認為是智慧生物，統治著地球。但無論從個體數、所有個體的總質量、還是存在的久遠程度來說，人類都遠不如螞蟻。相對於宇宙這麼巨大的尺寸，人類和螞蟻處於類似的微不足道的地位。

第三章

正在「逃走」的邊緣

> 人類的全部歷史都告誡有智慧的人，不要篤信時運，而應堅信思想。
>
> ——愛默生

從夸父到畢達哥拉斯，從哥白尼到牛頓，世界這座「迷宮」向我們一層層展開它的面紗。但「迷宮」的總體架構和出發時一樣：時間是無始無終、等速流淌的「河流」，空間是橫平豎直、僵硬不變的「框架」，物體在空間中存在和運動。人出生又死亡，來了又去；世界還是世界，獨立而冷漠地運行著。

我們憑本能就接受了「迷宮」的這個架構模型，但它是真實的嗎？也許它只是幻象，有個完全不同的世界就在眼前，我們卻視而不見？讓我們繼續前行，去發現真正的世界。

發育遲緩的專利員

1904 年 9 月，瑞士伯恩（Bern）專利局裡，一位被試用了兩年多的臨時工因為表現不錯，被轉為全職正式職員。這位 25 歲的小夥子平生第一次拿到穩定的薪水，感到十分滿意，微胖的臉蛋上也泛出了幾分紅暈。曾為他找不到工作而夜不能寐的父親也長長地鬆了一口氣。小夥子穿上嚮往已久的三級（最低級）技術員制服，在皺巴巴的襯衫領口打上蝴蝶結領帶，心中充滿了自豪。雖然辦公室陳舊擁擠，

他終於有了專用的辦公桌。三年後，因為不懈努力，他被晉升為一級技術員。這份差事待遇不錯，穩定，又比較清閒，他足足做了 7 年。

他就是愛因斯坦（Albert Einstein，1879—1955）。也難怪他會為這麼個小職位而沾沾自喜，他從小就不順利。因語言能力發育遲緩，3 歲才開始說話，高考兩次才被錄取，大學畢業後兩年都找不到工作，險些靠街頭賣藝為生（他小提琴拉得不錯），父親輾轉託人才幫他找到專利局的差事。

正因為發育較遲，成年的他問的問題還停留在孩提時代。他回憶道：「普通成年人從來不動腦筋去想空間和時間的問題，因為這些都是他還是孩子的時候就考慮過的。但是我發育得太慢了，所以直到成年才開始思考時間和空間的問題。因此，比起其他普通孩子，我更深地探究了這個問題。」他很謙虛：「我沒什麼特別的才能，只是有著強烈的好奇心。」

和哥白尼、楊格一樣，他不務正業，在專利局的工作時間裡研究物理（他回憶道：「在這個世俗的修道院裡產生了最美麗的思想」）。他名不正言不順，既無資金亦無設備，是如何取得成果的啊？像牛頓一樣，他靠的是「思想實驗」——憑腦子想出來的。他說：「想像力比知識更重要。因為知識

愛因斯坦

是有限的，但想像力涵蓋整個世界，激發進步，產生變革。」

看一輩子電影

世人皆知愛因斯坦創立的是相對論，雖然這理論對許多人晦澀難懂，但「相對」這個詞很容易理解。任何描述都是相對的——自行車相對於汽車很慢，但相對於蝸牛就很快；100 相對於 10000 很少，但相對於 1 就很多。世上沒有絕對的運動或靜止，動僅僅相對於靜才存在，反之亦然。

要描述一個物體的速度，必須「相對」於某個參照物。你認為正在看的這本書是靜止的（速度為 0），是因為你本能地用自己做了參照物。如果選太陽做參照物，書就正以每秒約 30 公里繞日運動。因為太陽系在繞著銀河系的中心轉動，相對於銀河系的中心來說，這書正以每秒約 250 公里的速度運動。而銀河系也在運動，相對於鄰近星系來說，這書正以每秒約 600 公里的速度運動。

參照物如何選擇呢？任由你定，太陽、月亮、一隻正在飛的蚊子都可以，並沒有一個公允的、每個人都必須使用的參照物。有沒有什麼東西是永遠不動的，全人類可以把它當作「終極」參照物？牛頓以為有，就是「永恆時空框架」。直到今天，許多人也本能地以為有，但後面我們會看到，愛因斯坦證明這「框架」並不存在。

雖然沒有一個全人類可以共用的參照物，每個人卻有一個十分方便可靠的參照物——「自己」。因為我們永遠離不開「自己」，每時每刻都必須通過自己的瞳孔看世界，用「自己」做參照物是個合理的選擇。

用這參照物重新審視一下世界會很有趣。例如，你飛到美國去旅遊，感覺在飛機上速度很快，像是走了很遠。如果你選「自己」為參照物，你就沒有動，只是美國大陸移到了你的腳下。這就好比在看一部「全息電影」，你坐著沒動，只是美國被投影到了你的周圍。

如果一輩子選擇「自己」為參照物，整個人生就成了一場「全息電影」——你就像轉輪上的老鼠，生活的場景迎面而來，你奔跑著，以為走了很遠的路，其實沒動地方。

世上任何東西是否在動，動得快慢，都會因為所選擇參照物的不同而不同，除了一個例外，那就是光。實驗發現，光的速度相對於任何參照物都是恆定的（在真空中為 299792.458 公里 / 秒，一般用 c 表示）。

如果你在坐著看書，光相對於你的速度是 c；但如果你跳上一艘飛船以 0.9 倍光速（0.9c）去追光，光相對於你的速度仍然為 c。假如存在一個永恆僵化的「時空框架」，即時間和空間是永遠不變的，這種現象就不可能——飛船和光的相對速度應該是 0.1c（c-0.9c=0.1c），而不是 c。

愛因斯坦意識到，要想讓光相對於任何參照物的速度都恆定為 c，時間和空間就必須「可塑」——在不同的速度參照系裡，時間和空間必須是不一樣的。他發現，不存在絕對的「同時」，也就是說，並不存在一個人人共用的、絕對的時間。讓我用一個假想的、發生在外星的故事來說明。

外星上的生死決鬥

在一個叫做諾威爾[1]的星球上，有個沿用了上千年的古怪決鬥傳統。在一個沒有窗戶的黑屋子裡，決鬥雙方（甲和乙）被綁在兩根柱子上（見下圖），在與他們等距的正中處放一盞燈。燈被點亮的瞬間，燈光先照亮誰，誰就贏了，另一方則輸了，會被殺死。但如果他們同時被照亮，就打平了，雙方必須握手言和，從此不再衝突。

光先照亮誰，難以判斷啊！所以屋子裡還有第三個人，叫做仲裁人，他有特異功能，無論多微小的時間差別都能察覺，由他來裁決誰贏誰輸。

諾威爾星人熱愛這種決鬥，因為結果總是打平（兩人和燈等距，當然同時被照亮），他們用這種方式化解了無數爭端，避免了戰爭和流血。每次決鬥，人們都像過節一樣，穿上地球人會認為是完全透明的盛裝，帶著一種動物尿釀製的「酒」，等在決鬥屋子的門口，準備狂歡一番。

但在最近的幾場決鬥中，亙古未聞的事情發生了——決鬥竟然產

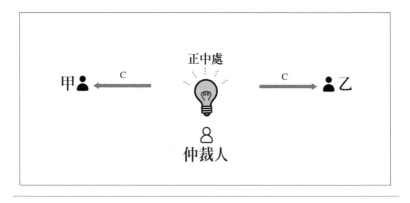

---

1 英文「Nowhere」的音譯，也就是此故事是編造的，但其背後的科學原理則是真實的。

沒有絕對靜止的東西

世上沒有絕對靜止的東西。

要證明某個東西是絕對靜止的，就必須以另一個絕對靜止的東西做參照物，如此便成了循環論證。這就好比我們在茫茫大海上航行時遇到一艘船，如果海岸遠得看不見，我們怎麼知道它是靜止的呢？我們可以把自己的船停下來（馬達熄火，螺旋槳停轉），如果另一隻船相對於我們沒在動，我們就認為它是靜止的。這判斷雖然符合直覺，卻是錯誤的，因為我們並不能肯定自己的船是靜止的（它的螺旋槳雖然沒在轉，卻可能隨著海流在漂），而且實際上，船在隨著地球自轉，繞著太陽公轉，並不是靜止的。

科學家們曾幻想出一種絕對靜止的物質，叫做「乙太」，並認為它無所不在又沒有質量，但後來證明乙太並不存在。

生出了勝負。有蛛絲馬跡顯示，這是因為仲裁人受了賄賂，偏袒一方。為了恢復公正與和平，諾威爾星人加強了對決鬥程序的監管，仲裁人必須吃下一種保證說實話的「誠實散」，而且裁判完成後還會接受全面的測謊儀檢查，以確保絕對誠實。

但問題並沒有解決。一而再再而三，付得起賄賂，喜歡鑽法律空子的一方在決鬥中獲勝；而付不起賄賂、或不願賄賂的一方卻命喪黃泉。但測謊儀說明仲裁人並沒在撒謊，這是怎麼回事？

負責調查這件事的偵探暗中在黑屋子裡裝了攝影機，秘密監視仲裁人的一舉一動，才真相大白。原來，仲裁人在燈點亮的一瞬間，總是在朝付了賄賂的決鬥者那邊奔跑，因此導致光先照亮賄賂者。

燈不是和兩個決鬥者等距離嗎？怎麼會因為仲裁人的奔跑就先照亮其中一個？

下面這一段有點枯燥，但並不難懂。如果你耐心讀完，就會明白

一百多年前，那個發育遲緩的小夥子坐在伯恩專利局的陳舊桌子前，所意識到的驚天動地的事情。

假如仲裁人收了乙的賄賂，就會向右奔跑（如下圖所示）。相對於他（以仲裁人為參照物），甲和乙在向左運動。

光速不會因為仲裁人朝哪邊跑而改變，仍然為 c，所以乙「迎著」光傳來的方向，「半路上」就會遇到光，所需時間較短；而甲則在朝遠離光的方向運動，光需要「追上」他，所需時間較長。所以在仲裁人眼裡，光先照亮乙。

假如仲裁人收了甲的賄賂，則反過來，他會向左奔跑，於是看到光先照亮甲。假如同時有三個仲裁人，一個向左跑，一個向右跑，一個坐著不動，他們裁決的結果是不一樣的：

靜止的仲裁人：打平

向左動的仲裁人：甲勝

向右動的仲裁人：乙勝

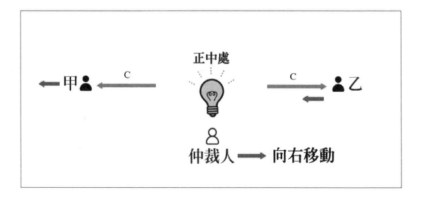

在靜止的仲裁人眼裡同時發生的兩件事，在運動的仲裁人眼裡就不同時！而且會因仲裁人奔跑方向的不同而顯出不同的先後順序！這說明時間順序並非絕對，可以因為觀察者的運動狀態而顛倒，所以愛因斯坦說：「過去、現在和未來的區別是一種幻覺。」

上面的故事可以推而廣之。如果把宇宙當作「黑屋子」，而你和我是兩位「仲裁人」，假如我們運動的方向不同，看到的「現實」將不一樣！

因為你我之間的相對速度和光速比較起來總是很小，我們兩個「現實」間的「裂縫」微乎其微，很難探測，但從數學和邏輯上說，這差別必須存在。

美女與火爐

既然「同時性」被打破了，每個人就不共用同一個時間，也就是說，時間對每個人來說「流淌」的速度不一樣快。愛因斯坦曾幽默地描述這種差異：「把手放在熱爐子上一分鐘，感覺好像一小時；和一個漂亮的女孩坐一小時，感覺就像一分鐘。這就是相對論。」

速度會導致時間「流淌」得更慢。為了演示這一點，我們要用到一種假想的計時器：「光子鐘」。在解釋「光子鐘」之前，讓我們先假想一座「乒乓球鐘」，因為它的原理比較好理解。

「乒乓球鐘」如上圖左所示，在一個盒子裡，有一顆上下反覆彈跳的乒乓球。假設盒子被抽成了真空（沒有空氣阻力），而且乒乓球和上下兩個面之間的碰撞是完全彈性的（一點能量都不損失），那麼

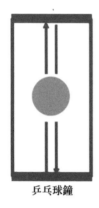

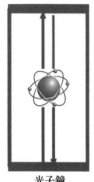

乒乓球鐘　　　　　　　　　　光子鐘

球上下一次所需要的時間就是恆定的，而且會永遠彈跳下去。我們可
以用它往返的次數來計時，就像用一個鐘擺計時一樣。

　　現在把乒乓球換成光子，把上下兩個面換成完全反射的鏡子，就
做成了「光子鐘」，只要數光子上下的次數就可以計時（如上圖右）。

　　假想有一對攣生兄弟各有一座「光子鐘」，甲待在地球上，而乙
帶著鐘乘飛船去旅行。

　　對甲來說，因為乙的光子鐘在運動，裡面的光子要飛過更遠的距
離才能在兩個鏡面間來回一次（如右頁圖所示），因為光速永遠是 c，
乙的光子鐘運行一個周期所花的時間較長，所以較地球上慢——在甲
看來，乙的時間「流淌」得較慢。

　　如果乙飛行的速度是 0.9c，根據愛因斯坦的狹義相對論，在甲眼
裡，地球上過了一年，飛船上才過 5.2 個月 [2]——乙衰老得比甲慢。

　　但在乙眼裡的現實則是反過來的：因為甲在運動（「乘著」地球
遠去），甲衰老得比乙慢。

　　在現實生活中，人們之間的相對速度和光速比起來極其微小，所

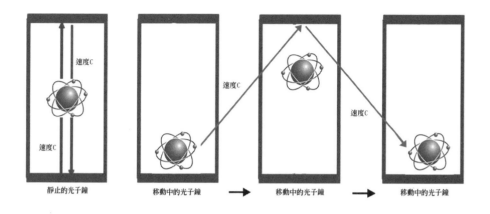

速度C

速度C

速度C

速度C

靜止的光子鐘　　　　　移動中的光子鐘　　　　移動中的光子鐘　　　　移動中的光子鐘

以這種「時間流動的差異」沒法察覺。在0.3倍光速（約9萬公里／秒）以下，時間的差別非常接近於零。

截至 2018 年，最快的人造飛行器是 NASA 的 New Horizons 太空探測器，它飛離地球時的速度約為 16 公里／秒。假如你乘它而去，你的時間就會比「地球上的我」慢約十億分之一倍，你飛 30 年，我們間的時間差將是大約 1.35 秒 [3]。

除速度外，另一個對時間有影響的因素是重力場（也稱引力場），它會導致時間變慢。地球有重力場，離地心越近的地方越強。海邊的重力場相對於高山上稍強一些，海邊時間運行的速度就會比山上更慢一些。這種區別也很微小，無法察覺——與山上相比，在海邊生活一輩子所「獲得」的時間還不到一秒鐘。

世上沒有任何兩個人的速度和所在的重力場是永遠相同的，所以

2 根據狹義相對論時間膨脹公式 $t'=t/(1-v^2/c^2)^{1/2}$

每個人生活在稍稍不同的時空裡——你有一個時空，我也有一個，其差別小得幾乎等於零，卻是大於零的。這就好比你我各有一本相同的書，相應的頁面重疊在一起，肉眼看不出字與字之間的差別，所以我們誤以為是同一本書。

許多人以為相對論只是個與現實生活無關的科學，事實恰恰相反，全球定位衛星導航系統（Global Navigation Satellite System，俗稱 GPS）就是個例子。相對於地面，GPS 衛星因為有速度和加速度，而且所在的重力場較小，所以必須根據相對論計算出它們和地面的時間差別，定位結果才會精準，否則全球位置的誤差就會以每天大約 10 公里的速度累積。

愛因斯坦的邊緣

愛因斯坦發現，不僅時間並非恆定，而且空間也是「可塑」的——它可以被重力場「彎曲」，就像一條床單上放著顆鉛球，床單會被壓得凹下去一樣。

人類是感受不到三維空間的彎曲的，所以讓我用二維空間作個類比。二維是一個平面——紙面就是二維的。設想在紙上生活著一隻微小的蟎蟲，它只知道沿著紙面活動，並不知道可以離開紙面——它不知道存在和紙面垂直的空間。即使紙是彎曲的，甚至是折疊的，它都感覺不到紙不是平的。如果把世界比作這張紙，我們就猶如生活在上面的蟎蟲。

既然人類感受不到三維空間的彎曲，愛因斯坦的理論如何驗證

---

3 根據狹義相對論時間膨脹公式 $t'=t/(1-v^2/c^2)^{\frac{1}{2}}$

呢？科學家們巧妙地利用了光在三維空間中走直線的特性。在日全食的時候，太陽和它背後的星光理應全部被月亮擋住，但因為太陽有重力場，如果它能讓空間「彎曲」，光線的路徑也會隨之「彎曲」（但在三維空間中看來仍是直線），被太陽擋住的星光就可以「繞過」太陽到達地球。在地球上的人看來，原來理應被太陽擋住的星星，會「挪動」位置而被看見，這現象已於 1919 年被觀測到。

因為空間能彎曲，它就可能沒有邊緣。讓我還是用二維作類比。如果紙面是平的，螨蟲只要朝一個方向爬就能最終找到它的邊緣。但如果紙被糊成一個紙球，螨蟲無論怎麼爬，都找不到邊緣。

愛因斯坦想到，我們所在的三維空間可以「彎曲」後自我封閉，形成一個像紙球一樣的「四維超球體」。這樣的宇宙是「有限無界」的——體積有限，但沒有邊界，飛船在其中朝一個方向無論飛多遠都找不到邊緣，而且最終會回到起點。他說：「我們這個宇宙在空間上是有限而沒有邊界的。因為它的空間是彎曲而封閉的引力場，這空間既不和虛空也不和其它物體接界。至於我們生活的宇宙之外還有沒有別的宇宙，我們永遠不會知道。」

世界的邊緣在哪裡似乎成了無頭懸案。我們像好奇的山蟻，勤勉地爬過千山萬水，以為總有一天會爬到世界的邊緣，卻突然意識到，

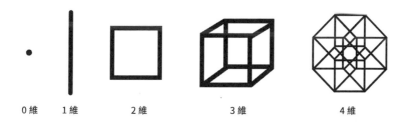

0 維　　1 維　　　2 維　　　　3 維　　　　　4 維

「有限無界」的宇宙

「四維超球體」並非「有限無界」的宇宙的唯一一種可能，莫比烏斯帶（Mobius Strip）和克萊因瓶（Klein Bottle）是另外兩種可能性。

把一個細長的紙條扭轉一次後首尾相接，就形成了一個莫比烏斯帶。一隻螞蟻可以沿著這條帶永無止盡爬下去，而且兩面都能爬到。

克萊因瓶更複雜一點，但基本概念是一樣的：瓶子的裡面和外面是無縫連接的，一隻螞蟻可以在它的表面永無休止地爬下去而找不到邊界，而且「裡面」和「外面」都能爬到。

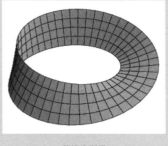

| 莫比烏斯帶 | 克萊因瓶 |

腳下的平面可能是一個巨大的球體，無論怎麼爬也不會找到邊緣。

感覺一樣就是一回事？

愛因斯坦不僅粉碎了牛頓的「永恆時空框架」，而且對萬有引力定律也有疑問：星球之間隔著遙遠的真空，用什麼來傳導萬有引力呢？因為對這個問題的思考，他意識到加速度和重力場是一回事，從而提出了廣義相對論。

讓我用一個思想實驗來解釋。假想你和愛因斯坦站在一個封閉的房間裡，他把一顆蘋果拋向前方空中，顯然是因為重力，它劃了一條

完美的拋物線，落到地板上。

「閣下認為我們是站在地球上嗎？」愛因斯坦操著帶有濃濃的德國口音的英語，問了你一個奇怪的問題。

「那當然！」你感到自己的體重很正常，「至少是站在一個重力場和地球一樣大小的星球上。」你補充了一句，心中因為答案的完美而暗自得意。

「我們沒站在任何星球上，甚至沒在重力場中。」他狡黠地一笑，按了牆上的一個按鈕，整個房間都變得透明。你們竟然是在漆黑一團的太空中！四處沒有星光，理應是個重力場為零的地方。房間下方有隻火箭正噴著火焰，原來，你所感到的重力是因為火箭的速度在加快（也就是說有「加速度」）。你在電梯中有過類似的體驗──當電梯開始向上加速時，你覺得自己感受到的重力比平常更重了。

看到你吃驚的樣子，愛因斯坦很得意，眨了眨眼睛，說：「引力場和加速度在所有方面給人的感覺都一模一樣，沒有任何物理測量能區別這兩者，所以它們是等同的，我把這叫等效原理。」（他在1915年提出了這個原理，成為廣義相對論的基石。）

讓我們檢查一下他的思維過程：

因為人在重力場中的感覺和加速時的感覺一模一樣，而且沒有任何物理測量能區別這兩者，所以它們是等同的。如果你搞懂他的真正意思，肯定會嚇一跳：

在所有方面感覺一樣、測不出區別的，就是同一件事！

這可是個大是大非的問題。科學應該追求「終極真實」和「絕對真理」，怎麼可以「在所有方面感覺一樣、測不出區別」就當作是等

同的？

　　假如你在一個逼真的夢裡，在所有方面的感覺都和現實一模一樣，而且你也能測量周圍，但因為是夢，測量的結果和「夢外」沒有區別，你就可以把夢等同於現實嗎？

　　這讓我們想到莊周夢蝶的故事。古時莊子（約西元前 369 年—前 286 年，一說前 275 年）做夢變成了蝴蝶，醒來後問，如何知道自己不是一隻蝴蝶在做夢？

　　常人心中的「終極真實」和「絕對真理」是不依賴於意識、感覺和測量的。但我們如何知道它們存在呢？我們常說「實踐是檢驗真理的唯一標準」，「檢驗」就意味著要在腦海裡將思想的預期值與感覺和測量的結果進行比較，所以沒有什麼真理能完全脫離意識、感覺和測量而得到證明；如果感覺和測量的結果一模一樣，人類就只好認為是同一件事。

　　霍金說：「『現實』不可能脫離圖像或者理論而獨立存在。……每一個物理理論或世界圖像都是一個模型（通常本質上是一個數學模型）……追問一個模型本身是否真實沒有意義，有意義的只在於它是否與觀測相符。如果兩個模型都與觀測相符，那就不能認為其中一個比另一個更加真實。誰都可以根據具體情況選取更方便的那個模型來用。」他所說的「模型」、「圖像」或「理論」，都是人們腦子裡的、意識的東西，人所相信的「現實」是和這些意識的東西糾纏在一起的。諾貝爾獎得主玻恩（Max Born，1882—1970）寫道：「我認為，像是絕對的必然性、絕對的嚴格性和最終的真理等概念，都是想像中虛構的東西，它們在任何一個科學領域中都是不能接受的。」

斯賓諾莎的上帝

像愛因斯坦這麼偉大的科學家，應該不信神吧？非也！他自稱擁有「宇宙宗教情感」（cosmic religious feeling）：「我的信仰是對一個無邊無際的聖靈的卑微崇拜，他在一些我們用脆弱而虛微的頭腦所能理解的微小細節中顯露了自己。」「我和大多數所謂的無神論者最大的區別是，我對宇宙和諧中難以理解的奧秘保持絕對的謙卑。」他說：「我希望知道上帝是如何創造這個世界的。我對這樣或那樣的現象、這個或那個元素的光譜不感興趣。我想知道上帝的思想，其餘的都是細節。」

科學不是宗教的死對頭嗎？愛因斯坦不僅不這麼認為，而且篤信宗教情感是科學的動力。他說：「我堅信宇宙宗教情感是科學研究最崇高強烈的動機。」「我們可以經歷的最美好的情感是神秘的。那是站在所有真正的藝術和科學搖籃裡的最根本的情感。誰對這種情感陌生，誰就不能敬畏地去想，去全神貫注地站立，就像死亡了一樣，如一支熄滅的蠟燭。要感覺我們經歷的事情背後的東西，一些是我們的思維無法抓住的，裡面的美和崇高只有通過間接的形式傳達給我們，這就是信仰。從這個角度來講，也只有從這個角度來講，我是一個虔誠的宗教信仰者。」

和牛頓一樣，愛因斯坦所相信的並非一般人們想像的那樣有鼻子有眼睛、能說人話的神，「我信仰斯賓諾莎的上帝，祂在存在萬物的有序和諧中展現自己，我不相信一個想影響人類命運和行為的上帝」。

什麼是「斯賓諾莎的上帝」？斯賓諾莎（Baruch de Spinoza，1632—1677）是猶太裔荷蘭哲學家，認為上帝就是宇宙，自然是神的化身；上帝通過自然法則來主宰世界，人的智慧是上帝智慧的一部分。

　　這位斯賓諾莎是不是把唯心主義範疇的上帝和唯物主義範疇的自然混為一談了？臆造出來的上帝不是和客觀存在的自然相對立的嗎？他居然認為上帝和自然不僅不是矛盾對立的，而且是同一的？

　　的確如此！斯賓諾莎相信神的存在，同時又是唯物主義唯理論的主要代表之一。這足以讓許多人感到天旋地轉，因為他們腦子裡有著鐵打的「格子」：信神的都是唯心主義者；唯物主義者都不信神。其實，除了人類的小腦袋瓜裡有著這些「格子」，世界從來就沒有唯物

斯賓諾莎

和唯心的區隔。世界就是世界，是完整的一體，有著唯物和唯心的雙重屬性，我稱之為「物心二相性」。

　　哥白尼、牛頓、愛因斯坦，這些最優秀的科學家們一邊信仰宗教，一邊研究科學，不認為有什麼衝突，為什麼那些對科學理解膚淺的人們反而堅持認為必須有衝突？這是因為一個人越無知，越狹隘，就越容易犯「格子綜合症」，把科學和宗教分裂開來，對立起來。人類智慧進步的過程，是一個打破這些「格子」，一步步

走向博大包容的過程。

糾正愛因斯坦的神父

愛因斯坦雖然打破了牛頓的「永恆時空框架」，卻像牛頓那樣認為宇宙是穩恆態的（沒在變大或縮小）。但他所發現的引力場方程說明宇宙應該在膨脹，於是他硬生生地在方程中編造了一個「宇宙常數」，以維持宇宙大小的恆定。這就像一個認為地是平的人，丈量後發現有一定弧度，於是在計算時人為地把弧度減為零。

但越來越多的證據說明宇宙並非穩恆。哈勃和赫馬森發現所有的星系都在以越來越快的速度離我們遠去，就彷彿整個宇宙正以我們為中心「爆炸」。如果沿時間倒推回去，宇宙是約 138 億年前，從一個比針尖還小無數倍的一點（它無窮小，被稱為「奇異點」）「爆炸」出來的，這就是人們耳熟能詳的「宇宙大爆炸」（「Big Bang」）理論。

第一個明確提出這理論的是個叫做勒梅特（Georges Lemaitre，1894—1966）的比利時神父。第一次世界大戰期間，他曾擔任炮兵軍官，親眼目睹了血腥的肉搏和殘酷的毒氣戰。戰後，他進入神學院，29 歲時擔任司鐸（天主教神父的正式品位職稱，掌管文教）。他長得有點像赫馬森，不高，微胖，戴著圓圓的眼鏡，不同的是他喜歡把頭髮一絲不亂地梳往腦後，穿黑西裝，露出神父特有的白色硬領。

你可能心裡已經在犯嘀咕了，創造科學史的人怎麼都是些奇奇怪怪的出身啊？神父、醫生、音樂家、退伍軍人、律師、看門人、專利員……是的，歷史正是「怪人」創造的！被歷史所遺忘的，往往反而是那些「正常人」！只有那些不顧自己的出身和背景，熱烈地循著好

奇勇往直前的人們，才會刨根問底、持之以恆，抵禦常人無法抵禦的

勒梅特

嘲笑，克服常人無法克服的困難。正是這些不以正常、傳統方式思維的人們，才能突破「『正』字牢籠」的束縛，對傳統進行革命。

1927 年，勒梅特在一家名不見經傳的刊物上發表了對愛因斯坦廣義相對論方程式的解，但沒引起人們的注意，直到四年後，有人將它譯成英文發表在《皇家天文學會月報》上才引起轟動。1946 年，他發表了《原始原子假說》，提出了宇宙起源於一

個「原始超原子」（primeval superatom）的思想，這個原始原子只有約 30 個太陽那麼大，卻包含今天宇宙中的全部物質，它不斷分裂成越來越小的「原子」，生成了今天的所有粒子。

勒梅特在作秀方面遠不如阿基米德，並沒為自己的理論起「宇宙大爆炸」這麼炫酷的名字。當時幾乎所有科學家都像愛因斯坦一樣認為宇宙是穩恆態的，更何況比利時聞名的是啤酒和巧克力，沒人把那兒的一個神父創造出的物理理論當真。在 1950 年 BBC 的一個科普節目中，穩恆態理論的領袖之一，英國天文學家霍伊爾（Sir Fred Hoyle，1915—2001）首次使用了「大爆炸」這個詞來諷刺勒梅特的「荒唐」理論，卻弄巧成拙，讓它家喻戶曉，流傳下來。

愛因斯坦無法接受宇宙在膨脹的想法，勒梅特試圖說服他，被他

拒絕了，稱勒梅特的思想是「正確的計算，糟糕的物理」。之後愛因斯坦不得不承認勒梅特是對的，自己錯了，稱宇宙常數是一生中「最大的錯誤」。

普通人心裡「宇宙大爆炸」的場景，是在漆黑一團的地方引爆了一顆炸彈，彈片四散飛射。這觀念是錯誤的，因為它指的是空間本身的「爆炸」，而不是在空間中什麼物體爆炸了。

如果把宇宙比作一個氣球，而星系是氣球上畫的許多小點，「宇宙大爆炸」就像氣球被吹大，各個小點之間的距離都在增大。

因為是空間的「爆炸」，「爆炸中心」是因人而異的——對於你來說就是你所在的地方，對於我來說就是我所在的地方，即使我們相距很遠。我們就像「宇宙氣球」上的兩隻螞蟻，隨著氣球的增大，螞蟻會發現周圍的小點都在以自己為中心四散遠去。

勒梅特與愛因斯坦

正在「逃走」的邊緣

既然宇宙在「爆炸」，它的邊緣在哪裡？為了看到宇宙的「盡頭」，美國NASA決定將一台強大的望遠鏡發射到太空中（以避免雲層、

粉塵、城市燈光等干擾），它被命名為哈勃望遠鏡。工程前後花了21 年（僅磨製鏡片就用了 12 年），終於在 1990 年完成。但哈勃一上天就壞了，NASA 在其後的九年中進行了五次維修才修好。

截至 2018 年 10 月，人類所觀察到的最遠的星系是哈勃所發現的 GN-z11。哈勃捕捉到的影像是它在宇宙大爆炸後約 4 億年時的樣子，它的光穿越了 134 億年才到達地球。因為宇宙在膨脹，GN-z11 在離地球遠去，它今天距地球約 320 億光年。

但 GN-z11 只是最遠的星系，並非人類能探測到的最遠的光。比 GN-z11 更遠、更古老的信號並不需要哈勃望遠鏡這樣先進的儀器就能探測到；其發現也不在太空中，而在地球上。

20 世紀 60 年代初，美國貝爾實驗室的工程師彭齊亞斯（Penzias）和威爾遜（Wilson）為了改進衛星通訊，建立了高靈敏度的接收天線系統。它的形狀很特別，像一隻巨大的橫躺著的羊角，所以叫「羊角天線」（「horn antenna」）。但令他們頭疼的是，總有波長約為 7.35 公分的微波雜訊消除不掉，這就像一台嶄新的收音機無論怎麼調試都有令人生厭的雜音。

當時碰巧有幾隻鴿子在天線中建了窩，他們誤以為雜訊是鴿子糞導致的，於是無情地將無辜的鴿子驅逐或殺害。一年多後（1964年），他們才意識到這「雜訊」是來自宇宙誕生時的信息。

宇宙剛誕生時溫度極高，隨著它的增大，其中的物質不斷冷卻，大爆炸後約 30 萬年的時候，產生了大量的光，這些光的波長被膨脹的空間「拉長」，變成了微波（就是微波爐裡用來加熱食物的那種電磁波），這就是羊角天線所探測到的「噪聲」。今天它被稱為

「宇宙微波背景輻射」（Cosmic Microwave Background，或 CMB）。無論把天線指向太空的哪個方向，都可以觀測到它。

彭齊亞斯（右）和威爾遜（左）在天線系統前合影

有趣的是，西元前兩千年左右的古印度哲學家所提出的宇宙發生理論和現代科學的發現是一致的。古印度經典《梨俱吠陀》中的《有轉神贊》寫道：「由空變有，有復隱藏，熱之威力，乃產披一」，意譯是：「空」產生出了「有」，它是黑暗的，放出了大量的熱，形成了今天的宇宙。

不知是不是基於從印度傳來的靈感，後來的老子也寫下了類似的話：「天下萬物生於有，有生於無。」他有時也把「無」叫做「道」：「道生一，一生二，二生三，三生萬物。」「空」、「無」和「道」都對應著宇宙大爆炸之前的無時空的狀態，在後面的章節中，我們會進一步挖掘這驚人的相似之處。

上帝的臉

CMB 離你我並不遙遠，它充滿了太空的每個角落——老式收音機台與台之間的「咻咻」聲中，就有約 0.5% 是 CMB。它所包含的能量比宇宙中所有恆星發出的可見光還多——此時此刻，CMB 佔據

了宇宙中穿行光子總數的 99.9%。

　　設想，在一個漆黑的夜晚，你戴著一副特別的眼鏡，能將接收到的微波變成橘黃色的光，你會看到滿眼是融融的橘黃色，你「浸沒」在夢幻般光的海洋裡。這很神奇——即使在你認為最黑暗的時候，整個宇宙都是「亮」的。映入你眼簾的光比天上所有的星星都古老，比太陽還古老約兩倍。在接觸到眼鏡之前，它在茫茫太空中旅行了 137 億年。它上次接觸到的，就是宇宙大爆炸的「火球」，也就是說，這眼鏡能讓你「直接看到」宇宙誕生時的景象，難怪有人稱 CMB 是「上帝的臉」。你常以為世界是灰暗的，你離它的邊緣及它誕生的時間遙不可及，其實這時間和距離只是幻象——每時每刻，你都連接著世界的邊緣；每時每刻，你都沐浴在它誕生時發出的光子裡。

　　無論人類朝哪個方向看，最遠處都是 CMB，它像一塊嚴實的幕布，把可見的宇宙裹在中間。1992 年，NASA 人造衛星 COBE 第一次觀測到了全天 CMB，即 137 億年前的宇宙在各方向上的「長相」，其後 NASA 的威金森微波異向性探測器（WMAP）偵測到更加清晰的 CMB 圖像。

　　CMB「幕布」的顏色驚人地一致，各處的差異僅約十萬分之幾，這說明宇宙在起始的那一瞬間是非常「均勻」的。當時全宇宙的質量都被「擠」在很小的空間中，但各處密度幾乎完全相等，這是件非常奇怪的事，就像一鍋加了大量食材的濃粥，口感卻像清湯那麼均勻，為何如此，至今仍是個謎。

　　因為空間在不斷膨脹，宇宙的半徑比 138 億光年大，最新的研究認為可達到 460 億光年，甚至更大。這膨脹給尋找宇宙邊緣帶來

宇宙是個十二面體嗎？

宇宙是什麼形狀？它是個十二面體嗎？

夜已經深了，52歲的法國天文學家盧米涅（Jean-Pierre Luminet）被這問題困擾著，無法入睡。他知道這問題有多荒唐，如果在香榭大道上隨便攔住一個人問這問題，肯定會被罵神經病；遇上脾氣好的，也會茫然地看著他，聳聳肩走開。人們有工作要忙，有情人要約會，有酒會要參加，誰會管宇宙是什麼形狀？何況十二面體這樣奇怪的想法。

但盧米涅無法放下這問題，他熱切地審視著CMB的圖像，彷彿在看一張古老的藏寶圖，只要想出解讀的方法，就能找到所羅門王留下的寶藏。如果從這圖像相對的兩面（也就是宇宙相反的兩個方向）上挖下兩個圓片，然後把其中一個旋轉36°角，會和另一個相匹配嗎？如果會，就說明宇宙是一個「超十二面體」——你從其中一面飛出宇宙，就會從與它相對的一面飛進宇宙，因為這貌似遙遠的兩面是神奇地連在一起的。

這是一幅多麼玄幻的圖畫啊！在2003年那個清冽的夜晚，當全世界人都在為賺錢、升職、做愛、名譽和後代奮鬥時，這個巴黎天文臺的科學家，卻在為古怪而沒用的問題絞盡腦汁。

他的猜想被登在權威的科學雜誌《自然》（Nature）上，可惜後來的天文觀測沒有發現足夠的證據支援它，我們今天仍無法肯定宇宙是不是個有著特殊形狀的有限體。

了麻煩——這邊緣（如果存在）正離我們越來越快地遠去，它「逃逸的速度」₄甚至大於光速。因為愛因斯坦發現任何物體的速度都無法超越光速，我們也許永遠都「追」不上它。

像夸父一樣，我們失敗了，或得到了一個似是而非的結果。讓我們暫做歇息，回望一下來時的路。或許，來路上所獲得的智慧，能幫助我們繼續前行？

奇蹟一百年

從這本書的第一頁開始，我們就在追尋世界的邊緣。我們以為這邊緣在一個很遠很遠的地方，所以一路飛奔，向外！向外！我們驚嘆著，快看吶——

夸父的邊緣只有 4 千公里！

阿基米德的邊緣只有 18 億公里！

赫歇爾的邊緣有 4300 光年！

哈勃的邊緣足足有 30 億光年！

現代人的邊緣竟然有 460 億光年！

人類所認知的世界的半徑隨時間增長 [5]

年代（西元）	代表人物	世界模型	世界大約半徑（光年）
-2700	夸父	大平板	4.2×10^{-10}
-250	阿基米德	天球	1.9×10^{-4}
1800	赫歇爾	小銀河系	4300
1922	沙普利	銀河系	55000
1934	哈勃	多個星系	3000000000
2019	所有人	爆炸的宇宙	46000000000

在近五千年裡，人類所認知的世界的大小一直在增長，從沒停止過。它的半徑增加了 10^{20} 倍，這個數大得難以想像，即使每秒讀 100 位，也需要 300 多億年才能讀完。同時，它的體積增大了 10^{60} 倍，

---

4 這邊「逃逸的速度」，只是為了方便描述使用的詞，宇宙邊緣並非一個物體，自然不會有用物體的速度逃走。

這個數比 10^{20} 還大 10^{40} 倍。

直到 1920 年，人類所認知的世界的大小隨時間幾乎嚴格按指數增長，平均每百年增大約 8 倍。但在最近的 100 年裡，增長的速度發生了飛躍，大小激增了 10^{18} 倍。

人類所認知的世界不僅大小在增加，而且維度也在增加。古人認為世界是二維的「大平板」，牛頓認為有長寬高三維，而愛因斯坦又加上了第四維——時間，今天流行的弦理論認為世界有 10 或 11 維。

人類所認知的世界的維度隨時間增長

年代（西元）	代表人物	理論	維度
-2700	夸父	大平板	2
1687	牛頓	經典物理	3
1905	愛因斯坦	相對論	4
2019	弦科學家	弦理論	10 或 11

滑稽的是，每代人都認為自己所發現的世界已經「大得不能再大了」。難怪波耳（Niels Bohr，1885—1962）曾說：「……從長遠——而通常要不了多久——來看，那些最大膽的預言都顯得保守得可笑。」

如果歷史可以為鑒，我們並沒達到世界的邊緣，可能還遠遠沒有達到，甚至可能永遠達不到。人類所認知的世界的大小不僅還將繼續擴大，而且擴大的速度會越來越快。

今天已知的宇宙，就連光從一頭走到另外一頭，也要 920 多億

---

5 此處的數值並非精準數值，只是呈現一個大概的趨勢。

年，人的平均壽命還不到 92 年，我們怎麼可能找到它的邊緣？這問題讓人想到莊子的話：「吾生也有涯，而知也無涯。以有涯隨無涯，殆已！」但先別悲觀，我們有個「無涯」的工具，也許可以用來找到宇宙的邊緣，它就是思想。

既然我們一時無法到達世界的邊緣，也許可以先研究一下眼前的世界——它是由什麼構成的，其核心架構是什麼，從而推斷它的邊緣究竟在哪裡。

第四章

幻象的邊緣

所有我們稱之為「真實」的東西是由我們不能稱其為「真實」的東西組成的。——波耳

從畢達哥拉斯到哥白尼，從牛頓到愛因斯坦，我們向越來越遠的地方進發，尋找世界這座「迷宮」的邊緣。但找來找去，卻成了無頭公案。「迷宮」實在太大了，即使窮盡一生，人能探索的範圍也不足滄海一粟。而且這邊緣在越來越快地離我們而去，人類能達到的速度遠不及它「逃逸」的速度。

既然找不到它「大」的邊緣，也許可以探尋它「小」的邊緣？如果把世界「拆開」，看看它是由什麼組成的，也許微觀的秘密能告訴我們它的邊緣究竟在哪裡？

我們滿眼看到的都是光，要搞清楚世界的微觀構成，首當其衝的是搞清楚光是什麼。

關於光是波還是粒子，科學家們爭論了近三百年。這麼大的爭論，應該有個驚天地泣鬼神的結局吧？一方應一敗塗地，乞求世界的原諒；另一方應洋洋得意，沐浴世界的讚美吧？沒有，結局就像石頭扔在水裡，連個泡都沒冒。

讓我從前面楊格用雙縫實驗證明光是波的故事接著說。雖然這理論剛被提出時（19 世紀初）飽受嘲笑，後來接受的人越來越多，但

人類仍不知道光究竟是什麼。直到 19 世紀下半葉，英國出了個浪漫的科學家，憑藉優美的數學發現了光的本質，他的名字叫馬克士威（James Clerk Maxwell，1831—1879）。

擅寫情詩的物理學家

馬克士威自幼聰明，16 歲就進入蘇格蘭的最高學府愛丁堡大學學習。他在班上最小，成績卻名列前茅，19 歲到劍橋求學，畢業後研究電磁學。

許多人誤以為科學家都枯燥乏味，缺乏浪漫情懷，馬克士威是個著名的例外。他喜歡寫詩，他的一些詩作，包括給妻子的情詩，流傳至今。下面這首不是情詩，卻是他畢生的巔峰之作：

$$\nabla \cdot \mathbf{D} = \rho$$
$$\nabla \cdot \mathbf{B} = 0$$
$$\nabla \times \mathbf{E} = -\frac{\partial \mathbf{B}}{\partial t}$$
$$\nabla \times \mathbf{H} = \mathbf{J} + \frac{\partial \mathbf{D}}{\partial t}$$

你也許讀不懂，因為它是用「數學語言」寫就的，但你仍能品味出它的優美，就像一首好聽但聽不懂的外文歌。這就是著名的馬克士威方程組，被普遍認為是科學史上最美的一組方程式，用區區四短行就總結了前人幾乎全部的電磁場理論。

但它們的魔力遠不止對已知資訊的總結，它們還揭示了前人所不知道的奧秘。當時的科學家們已經知道，電和磁有著一種「對稱」的關聯：變化的電場會產生磁場，而變化的磁場也會產生電場，但並不知道電、磁與光有什麼關係。

　　馬克士威想到，電場和磁場交互產生，越傳越遠，不是可以形成一種波嗎？他於 1865 年預言了電磁波的存在，並算出它傳播的速度約為 310740 公里／秒，「碰巧」和當時法國物理學家菲佐測出的光速十分接近。於是他大膽提出，光是電磁波的一種形式。23 年後，德國物理學家赫茲才用實驗證明了電磁波的存在。

　　既然光是波，牛頓的「粒子說」就錯了吧？但「粒子說」的諸多證據又如何解釋？就在「波」、「粒」二派爭論得疲憊不堪又毫無結果時，1905 年，愛因斯坦提出了光電效應的光量子解釋，揭示了光同時具有波和粒子的雙重性質，即所謂「波粒二象性」（wave-particle duality）——他指出光既是「水波紋」又是「子彈」，「粒子說」和「波動說」都是對的！

　　如果是某位宗教領袖提出這種顯然自相矛盾的理論，人們還能似懂非懂地勉強接受，但現在是愛因斯坦這樣頂尖的科學家在說表面看起來完全不可能的事！「波」和「粒子」是直接矛盾對立的——「波」是虛無、變幻和

馬克士威夫婦

連續的，而「粒子」是實在、確定和分離的，說光既是「波」又是「粒子」，就像說一張紙既是黑的又是白的，怎麼可能？

但日後無數實驗和研究證明光的確有「波粒二象性」。它就像一張紙，一面黑一面白，站在它兩邊的人為是黑是白爭論不休。

這是個石破天驚的發現，因為在那之前，被「格子綜合症」所困的人們無法想像彼此矛盾的性質可以存在於同一件事物中，總想將兩邊分裂開來，對立起來。在「數學兇殺案」那一節裡我們就看到過這一現象──雖然任何長度都同時可以用有理數和無理數來描述，但有理數和無理數之爭卻激烈到了你死我活的程度。

「波粒二象性」讓我們想到陰陽理論。如果「波動性」和「粒子性」是一對陰陽，「波粒二象性」不僅是可能的，而且是必需的。正像世上不存在只有一面的紙一樣，任何事物都必須具有彼此對立的陰陽兩面，並不存在「純陰」或「純陽」的事物。

許多人認為陰陽理論晦澀難懂、故弄玄虛而又毫無用處，讓我們用它進行一次大膽的推理，看能否得到有用的洞見。根據該理論，「任何事物」都有陰陽兩面，那麼是否所有的物質都像光一樣，既有波動性又有粒子性？在當時，人們已經知道物質是由基本粒子組成的，只有粒子性，沒有波動性。說物質有波動性，就像說你正捧著看的書是一堆虛無縹緲的波一樣，荒誕至極。這也許足見陰陽理論的錯誤和無用？

1924 年，一個文科出生、年僅 32 歲的法國人，指出物質確實有波的性質──從某種意義上說，你正在看的書確實是一堆波。

放棄坦途的貴族

　　這年輕人叫路易‧維克多‧德布羅意（Louis Victor de Broglie，1892—1987），屬於那種特別幸運，在西方被稱為「含著銀湯匙出生」的人（born with a silver spoon）。在法國，德布羅意家族聲名赫赫，17世紀起就已開始為各朝國王效力，在戰場和政壇屢立功勳，擁有親王和公爵兩個爵位。

德布羅意

　　路易自幼好學，很有文學才華，後來攻讀歷史，18歲獲巴黎索邦大學文學學士學位。出生在這樣一個家庭，又受到如此良好的教育，榮華富貴的人生坦途似乎毫無懸念——他應該像先輩那樣進入軍界或政壇，平步青雲，繼續家族的豐功偉業。

　　但他沒有，因為他內心深處熱愛的並不是軍界或政壇。對自然奧秘的好奇驅使他放棄了唾手可得的人生坦途，棄文從理，去學習德布羅意家族毫無建樹的物理。一戰期間，他在艾菲爾鐵塔上的軍用無線電報站服役六年，利用閒暇時間讀了很多科普著作，還常與研究物理的哥哥莫里斯討論。普朗克、愛因斯坦等人的理論讓他耳目一新，激發了他對物理學的興趣。退伍之後，他跟隨朗之萬（Paul Langevin，1872—1946）攻讀物理學博士。

　　也許是因為生活在巴黎這個藝術之都，也許是因為他受過良好的文科教育，德布羅意十分懂得對稱的美。既然光波有粒子的特性，那麼對稱的，基本粒子是否也應該有波的特性呢？

他在博士論文中首次提出，組成物質的基本粒子都和光子一樣，既是粒子又是波，他把這波叫做「物質波」。

說捉摸不到的光是波，人們還可以接受；但說可以觸摸的物質是波，對一般的科學家就太玄妙了。

科學界對德布羅意這篇開創性的論文不置可否，保持著一種不懂、不同意但又不知如何反駁的沉默，絕大多數人甚至沒放在心上。

朗之萬拿捏不準，將論文寄給愛因斯坦，愛因斯坦閱後非常驚喜，他沒想到自己所創立的波粒二象性理論被德布羅意進行了如此宏大的拓展，於是大力推薦，在一篇文章中寫道：「一個物質粒子或物質粒子系可以怎樣用一個波場相對應，德布羅意先生已在一篇很值得注意的論文中指出了。」

德布羅意的理論因此得到了廣泛的注意，並被推廣和驗證。1927 年，美國和英國的兩個實驗室通過電子衍射實驗各自證實了電子確實具有波動性，其後質子、中子、原子的波動性都得到了實驗證實。1929 年，37 歲的德布羅意獲得了諾貝爾物理學獎。

其後，他繼續研究物理，晚年繼承了家族爵位，成為第七代德布羅意公爵。已經功成名就的他總可以榮華富貴一番了吧？他還是沒有，因為他的心思根本不在榮華富貴上。他選擇住在平民小屋，過簡樸的生活。

「物質波」的發現證明陰陽理論是對的嗎？陰陽理論是對世界核心架構的哲學概括，就像指出每張紙都必須有兩個面一樣，是不需要通過某一張紙來證明的。它認為世界是由矛盾對立而又互補互依、互相轉換的「陰陽」組成，陰陽關係體現在世界的所有層面和維度，因

此有無數對「陰陽」：數和物，時間和空間，唯物和唯心……。「粒子性」和「波動性」只是其中一對，「物質波」是陰陽理論在物理上的一次體現。

即使在近百年後的今天，「物質是波」對一般人來說還是太玄妙。你周圍的書、桌子、房子看上去客觀實在，但在微觀上是波。「物質波」已經被無數實驗所證實，是現代物理的核心和基石之一，並不僅僅是假說。

既然基本粒子都有「波」和「粒子」雙重性質，為什麼從前的科學家都只看到其中一面？給出答案的，是個信奉陰陽理論的丹麥人。

信奉陰陽理論的丹麥人

他叫波耳（Niels Henrik David Bohr，1885 － 1962），出生於哥本哈根。他自幼喜歡踢足球，在哥本哈根大學讀物理時，是校足球

俱樂部的明星守門員。他對科學達到了癡迷的程度，據說有時甚至一邊心不在焉地守著球門，一邊用粉筆在球門框上演算。

大學畢業後，他從事原子物理方面的研究，仍然踢足球，是當地著名的「科學家球星」。據傳，在一場丹麥 AB 隊與德國特維達隊的比賽中，德國人外圍遠射，做守門員的波耳卻在門柱旁思考一道數學難題。這種癡

波耳

迷並非枉然，他 37 歲時因為對原子結構理論的貢獻而獲得諾貝爾獎，成為量子物理的奠基人之一。

為什麼每次科學實驗都只能觀察到「波粒二象性」中的「一象」？波耳提出了「互補原理」（complementarity principle，又稱互補性原理、並協性原理）來解釋。他指出，原子現象不能用經典力學所要求的完備性來描述，構成完備的經典描述的某些互相補充的元素，在原子現象中是相互排除的，但它們對描述原子現象都是需要的。

用一般人能聽懂的話說就是，如果把原子現象比作一張紙，波動性與粒子性就像它的兩面，是互補又是互斥的。如果給紙拍照，每次只能拍到其中一面，不可能同時拍到兩面；但必須描述兩面，才算對紙做出了完全的描述。

波耳首度公開宣講互補原理時採用了大量哲學語言，使聽眾感到既震驚又困惑。波耳認為互補原理是一個普遍適用的哲學原理，因此試圖用它去解決其他領域和學科（如生物學、心理學、數學、化學等）中的問題。從下面這個故事看，他已經意識到這個哲學原理在東方被稱為陰陽理論。

他 62 歲時，丹麥政府為表彰其成就和貢獻，授予他大象勳章（Order of the Elephant）。在丹麥，這是至高無上的榮譽，一般只頒給最傑出的皇室成員或將軍，每個獲獎者都需要提供一枚紋章，掛在弗雷德里克斯堡的「榮譽牆」上。波耳不是皇室或貴族，沒有現成的紋章，決定自己設計一個。他要把一個在他心中最重要的圖案放在紋章正中，於是選擇了陰陽太極圖。紋章上還要寫幾個最能反映他核心思想的字，於是他寫下了「Contraria Sunt Complementa」（「對

立即互補」）。這圖案和文字是「互補原理」的最佳詮釋，也是他一生科學智慧的完美概括。

波耳的大象勳章

當時（1947 年）中國正值內戰，很少人注意到一個丹麥科學家用陰陽太極圖做了自己的紋章。在其後的 30 年裡，中國經歷了「文化大革命」等一系列事件。1982 年改革開放後，中國人被中西方間的鴻溝所震撼，不少人盲目崇拜西方科學，把陰陽理論當做似是而非的陳詞濫調加以摒棄。殊不知，對智慧的追求條條大路通羅馬，陰陽理論和相對論、量子物理一樣，是人類智慧的結晶。

陰陽理論是一種哲學，和其他哲學一樣，很容易停留於模糊的概念、詞彙的堆砌和膚淺的重複，波耳等西方科學家並沒有落入這個陷阱，而是鍥而不捨地向更深處挖掘。

「物質波」看上去飄忽不定，它遵循著怎樣的數學法則？給出答案的人是奧地利物理學家薛丁格（Erwin Schrödinger，1887—1961）——就是「薛丁格的貓」中的那個「薛丁格」，他的靈感來自一段婚外情。

婚外情激發的靈感

1925 年耶誕節，瑞士阿爾卑斯山麓中一間很有魅力的客棧裡。薛丁格一絲不掛，手腳大開的躺在床上，看上去像個「大」字。因為剛才的激情，平素梳得整齊的頭髮變得狂野。他沒戴眼鏡，眼睛顯得有點迷濛。雖然 38 歲了，他因為酷愛登山、遠足、滑雪等運動，沒

薛丁格

像許多同齡的科學家那樣發福，還是精瘦精瘦的。

他的情人坐在床沿上，正在穿衣服，她來自薛丁格的老家維也納。她和他這個有婦之夫在一起，並非圖什麼錢財，因為他只不過是蘇黎世大學的一個窮酸教授；也不是為了什麼名譽或地位，因為從一開始他就申明自己永遠不會離婚（她並不明白他為什麼要維持一個名存實亡的婚姻，更何況他的妻子安妮因為無法生育而沒有後代）。她崇拜他，被他彷彿來自另一個世界的睿智所吸引，只想和他擁有一段無人打擾的時光。

他躺在床上，冥思苦想蘇黎世聯邦工學院的諾貝爾獎得主德拜（Peter Debye）給他的挑戰——算出描述物質波的方程。德拜認為薛丁格最近的一個關於物質波的講座太「孩子氣」，「要處理波的特性，你起碼得有一個波動方程式才行啊。」

薛丁格心裡不服，這可是全人類都還沒解決的難題啊。但德拜也不無道理，更何況能攔住全世界的問題，不見得能攔住他薛丁格，於是他決定試試。他首先從相對論出發，畢竟，愛因斯坦已經創造了很多數學和物理工具可以用，但他很快就發現這條路是個死胡同。他在原地踏步了好多天，感到才思枯竭，只好和情人出來度個兩週半的聖

誕假，換換腦筋。

這次度假安妮八成是知道的，因為他的婚外情簡直成了家常便飯，情人中既有助手的妻子，也有年方二八的女中學生；既有政府職員，也有演員和藝術家。他並非簡單地風流，對感情他每次都全情投入，並寫了不少情詩，後來還發表了一本詩集。他甚至試圖過一妻一妾的生活，因而受到周圍傳統基督教文化的巨大壓力。也不知安妮和他有什麼默契（據說安妮也有婚外情），他們竟然白頭偕老，她甚至照料過他非婚生的孩子。安妮坦然地說：「與金絲雀一起生活比與賽馬一起生活更容易，但我更喜歡與一匹賽馬一起生活。」

情人伸長了修長的腿，慢慢地穿上長筒絲襪，他不由得走了神。她的身體多迷人啊，腰肢和臀部的比例一定符合黃金分割，他腦子裡浮現出畢達哥拉斯的公式……假如把她身體放平，把長腿的直線當 X 軸，豐滿的胸脯和翹起的臀部就像一個優美的波，可以用正弦曲線來描述……他腦子裡突然靈光一閃，一大堆數位記號魔幻般地整合到一起。他跳下床，顧不得穿衣服，開始奮筆疾書。

能難倒全世界的問題，終究沒能難倒薛丁格，一個偉大的公式誕生了：

$$i\hbar\frac{\partial}{\partial t}\Psi = \hat{H}\Psi$$

這個被稱為薛丁格方程式（Schrödinger equation）的公式對於量子力學，就像牛頓的萬有引力方程對於天體物理那麼重要。它和馬克士威方程組一樣，有一種「數學之美」。後來，和薛丁格同年

獲得諾貝爾獎的英國物理學家狄拉克（Paul Adrien Maurice Dirac，1902—1984）說：「我發現自己與薛丁格意見相投要比同其他任何人容易得多，我相信其原因就在於我和薛丁格都極為欣賞數學美，這種對數學美的欣賞曾支配我們的全部工作，這是我們的一種信條，相信描述自然界基本規律的方程式都必定有顯著的數學美，這對我們像是一種宗教。奉行這種宗教是很有益的，可以把它看成是我們許多成功的基礎。」對薛丁格來說，女人身體的美成了發現科學之美的靈感。

薛丁格方程描述的是粒子在空間某處出現的可能性隨時間的變化，其絕對值的平方對應著粒子在該處出現的概率密度（probability density）。

在量子力學中，粒子的波動性被稱為「概率波」，描述它的函數被稱為「波函數」。概率波是關於「可能性」的數學，絕不是我們所熟知的、僵硬確定的「東西」。我們可以把它想像成一團「數字的煙」，它在空中的分佈並非均勻，所以在不同的地方有不同的濃度；而且它在「飄動」，所以在空間中各點的濃度是隨時間變化的。薛丁格方程就是描述在空間中某點，「煙」的濃度隨時間變化的方程式。

具有波粒二象性的物質何時顯出粒子態，何時顯出波態？為了找到答案，科學家們進行了兩組不同的雙縫實驗，其結果顛覆了人類對現實的認知。

「狡猾」的光子

首先，他們把光源調到足夠弱，讓單個光子一顆接一顆地穿過雙縫，打到後面的屏幕上。不出所料，他們看到了干涉圖案（一排直槓，

數學算出未知世界

許多人認為畢達哥拉斯的「萬物皆數」是錯誤的唯心主義——數學是描述世界的，而世界不是按照數學「搭建的」。但人類發現一個怪現象，有許多在現實中沒有被發現，甚至很難想像的事物，根據數學被推算出來，結果被科學實驗發現了。

最著名的例子之一是反物質的發現。你有生以來接觸到的所有物質都是普通物質，也叫做正物質——你的身體，手裡的書，眼前的世界都是正物質，其中的電子都是帶負電荷的，所以也叫「負電子」。

但狄拉克根據數學推算，發現帶正電的電子（也叫「正電子」）「應該」存在。他和畢達哥拉斯一樣，相信「物理定律應該有數學之美」，根據美（對稱、簡潔）的原則，基於洛倫茲對稱性，他創造了著名的狄拉克方程式，解釋了電子的自旋和磁性。但該方程式有一正一負對稱的兩個解，和這兩個解相對應的，是負電子與正電子。

當時人們只發現過負電子，從來沒探測到過正電子，說正電子存在，就像說存在一個和太陽對稱的「冰太陽」一樣，是無法想像的，甚至是荒謬的。但科學家們根據狄拉克方程式算出的結果去尋找，竟然發現了正電子！其後人類發現，組成正物質的正常粒子（「正粒子」）均有與其相對應的「反粒子」，它們可以組成反物質，甚至一個「反世界」。

當正、反物質相遇時，就會相互湮滅抵消而發生爆炸，其能量釋放率要遠高於氫彈。在丹・布朗的著名小說和同名電影《天使與魔鬼》（Angels and Demons）裡，恐怖分子便計畫用0.25克反物質炸毀整座梵蒂岡城。

雖然數學算出的反物質被發現了，但總有數學算出的東西在現實中並不存在吧？也許，但也許是人類還沒發現它們，或還沒能埋解它們以何種形式存在。

科學發展不僅沒能證明「萬物皆數」是錯的，反而發現越來越多的證據表明它可能是對的，正如比畢氏晚出生兩千多年的伽利略所說：「宇宙這部宏偉的著作是用數學的語言寫成的。」

如下圖左所示）——光子表現出了波動性。這很經典，沒什麼好奇怪的。

　　但每顆光子究竟是從哪條縫過去的呢？他們在縫邊裝上光電探測器來偵測。但怪事發生了，一旦他們知道了光子是從哪條縫穿過去的，螢幕上的結果就成了兩條直槓（如下圖右所示），這顯示出光子的粒子性。也就是說，光子在沒被觀察時表現出波的性質；而被觀察時表現出粒子的性質——根據有沒有被觀察，光子的「行為」是不一樣的！

　　打個比方。假想你端著一把以光子為「子彈」的機關槍，遠處有兩道平行的牆。離你較近的那面牆上有兩條相距很近的直縫，你朝它們掃射。「子彈」會穿過直縫，在後面的那道牆上留下「彈孔」。因

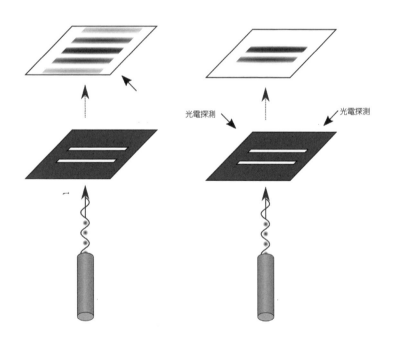

光電探測　　　　　　　　　　　　　光電探測

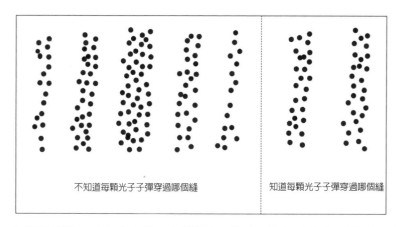

不知道每顆光子子彈穿過哪個縫　　　知道每顆光子子彈穿過哪個縫

為離得較遠，而且「子彈」飛得很快，你看不清每顆究竟是從哪條縫穿過去的。你射擊一陣，「彈孔」會形成一排直槓（如上圖左所示），這是因為光子顯出了波動性，牆上為干涉圖案。

但如果你在雙縫附近裝上高速攝影機，監視每顆「子彈」是從哪條縫過去的，「彈孔」就會形成不同的圖案——兩條豎杠（如上圖右），這是光子粒子態的體現。

這很蹊蹺——光子又沒長眼睛和腦袋，怎麼「知道」有沒有被監視，從而顯出不同的「行為」？科學家們做了各種實驗反覆驗證，但結果是一樣的：如果實驗者知道光子是從哪條縫過去的，它們便顯出粒子態；如果不知道，則顯出波的性質。

而且把光子換成其他基本粒子（如電子、質子、中子等）做實驗，結果也一樣。

這是人類歷史上最驚人、也最具哲學意義的發現之一——物理物件根據是否被觀察而表現出不同的「行為」。在那以前，人類一直以為實驗是獨立於「觀察」的——有沒有人在觀察，誰在觀察，實驗結

果都一樣。但上面的實驗卻說明實驗結果和「觀察」有著前所未知的神秘關係。

除了雙縫實驗，有許多其他證據也說明「觀察」對被觀察的物件有著深刻的影響，其中一類被稱為量子芝諾效應（Quantum Zeno Effect），指持續觀察一個不穩定（容易衰變）的粒子，它將不會衰變——足夠高頻率的觀測會使其「凍結」在初始狀態。這就像被放在溫室裡的一塊神奇的冰，如果你不管它，它很快就化了；但如果你盯著它看，它就總也不化。

基本粒子在被觀察時，才從波「固定」成一顆確定的粒子（唯一的「現實」），量子物理學家們給這個變化過程取了個玄幻而賦有動感的名字，叫做「坍縮」（「collapse」）。沒有觀察，就沒有坍縮，也就沒有被觀察到的粒子態，所以不僅「觀察」對於實驗不可或缺，而且實驗結果根本就是「觀察」所導致的——你所看到的是因為你在看。

波耳總結得很好：「任何一種基本量子現象只在其被記錄（觀測）之後才是一種現象」，「而在觀察發生之前，沒有任何物理量是客觀實在的」。

牛頓客觀獨立、確定僵硬的「大鐘世界」在量子力學的實驗證據面前轟然崩塌，取而代之的是一團「數字的煙」（概率波或可能性），時間、空間、物質、能量浸沒其中，每個觀察者用「觀察」創造了自己眼中的現實。

德國物理學家海森堡（Werner Karl Heisenberg，1901—1976）說得一針見血：「原子或基本粒子本身不是真實的，它們組成了一個

潛在或可能性的世界，而不是一個實物或事實的世界。」

波耳也說：「所有我們稱之為『真實』的東西是由我們不能稱其為『真實』的東西組成的。」他十分明白這有多違背常識和直覺，「如果量子力學沒從根本上讓你震驚，那你就還沒弄懂它。」

但仔細推敲一下這些理論就會發現很大的問題：在沒有生物對宇宙進行觀察之前，宇宙是客觀實在的嗎？回答這個問題的，是個摸過 1.1 萬伏高壓電而生還的人，他的名字叫惠勒（John Archibald Wheeler，1911—2008）。

現在決定過去

從小，惠勒就是個特別好奇的孩子，為了弄清 1.1 萬伏高壓電是什麼感覺，他竟然用手去摸。他四歲就問母親「宇宙的盡頭在哪裡？在宇宙上我們能走多遠？」當他發現連在他眼裡什麼都知道的母親都被難倒了，便更加好奇，四處查書；當連書裡也查不到的時候，他便將一生奉獻給了對宇宙奧秘的探索。他 21 歲獲得了霍普金斯大學的博士學位，其後到哥本哈根大學成了波耳的同事。他回憶說，「我們討論了許多宗教人物，菩薩、耶穌、摩西，在和波耳的對話中，我相信他們真的存在。」

惠勒最具代表性的思想是「現在」的觀察可以坍縮「過去」的概率波，今天的觀察能把歷史從「可能性」確定成現實。歷史不是已經發生過了嗎？它應該是唯一、真實、固定的吧？惠勒的回答是否定的，他認為歷史只是「數字的煙」（可能性或概率波），是我們今天的觀察將歷史「固定」了下來。

這思想和常識截然相反。你堅信自己出生之前世界已經存在,因為老人們告訴了你,而且你看到有嬰兒出生到這個世界上;你知道歷史上發生了什麼,因為有史書可查,而且有古跡可考。

但許多你深信的歷史並不真實,如中國四大美女之一貂蟬根本不存在,穆桂英、潘金蓮、花木蘭統統是子虛烏有,劉關張沒有桃園三結義,諸葛亮也不曾指揮赤壁之戰,宋江、武松等一百零八個梁山好漢盡是虛構。

你也許認為這些錯誤印象都是因為文學作品,如果去除人為的因素,應該存在一個「絕對真實」的歷史。但你只是在根據現在的觀察對過去進行推斷,並不「直接知道」自己出生之前世界是否以你所熟知的方式存在,或發生了什麼。你就像在看一部電影,可以根據其中的情節推導出它的「前傳」,但「前傳」是另一部電影,你並沒直接看過。

惠勒的思想並非空穴來風,而是基於他所設計的「延遲選擇實驗」(Delayed Choice Experiment)。這是經典雙縫實驗的變化版,已於 1984 年得到驗證。

在經典實驗中,是否觀察的區別發生在雙縫(右頁上圖中的 A處)。按照傳統時間觀,光子先飛過 A,再飛過 B。它根據在 A 處是否被觀察「選擇」波或粒子的狀態,飛到 B 的時候,這一「選擇」早已發生,它的狀態不會改變。

但在延遲選擇實驗中(右頁下圖所示),觀察者不在 A 處,而在 B 處進行觀察。照理說,光子在穿過雙縫時沒被觀察,應該已經「選擇」了波的狀態,無論在 B 處是否被觀察,都應該顯出波動性。

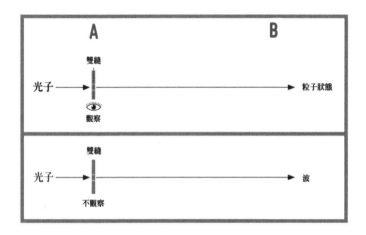

但實驗結果不是這樣：光子如果在 B 處被觀察，就會顯示粒子態，彷彿它能根據在 B 處（「現在」）是否被觀察，而在時間上「跳回」到 A 處（「過去」）進行波或粒子的選擇。

　　基於這個實驗，惠勒提出了一個顛覆傳統時間觀的推論：現在決定了過去——你現在看的這部電影決定了「前傳」的內容，而不是先

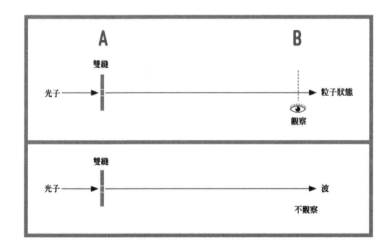

有前傳，才有現在看的電影。「我們此時此刻做出的決定，……對已經發生了的事件產生了不可逃避的影響。」也就是說，「並沒有一個過去預先存在著，除非它被現在所記錄」。

他的觀點和波耳是一致的，只是他把「過去」也納入了未觀察之列：我們所見到的世界，是由於觀察而成為存在的。在被觀察之前，亞原子粒子存在於多種狀態之中，即疊加態（他稱之為「巨大的煙霧龍」），一旦被觀察，粒子會瞬時坍縮為單一確定的狀態。

「觀察」必須有個有意識的主體——只能是「某某」在觀察，誰都沒有就談不上「觀察」，而觀察者必然成為參與者——沒有主體的、「純粹客觀」的觀察是不可能的。於是惠勒提出了「參與的宇宙」（「participatory universe」）的理念，認為宇宙是一個「自激回路」（自己導致了自己），人現在的觀察參與並創造了宇宙的誕生。他提出了「參與式人擇原理」（Participatory Anthropic Principle）：「我們不僅參與了眼前和此刻的形成，而且，也包括千里之外和久遠之前。」

我們本以為先有宇宙，後有人；宇宙是永恆的，人只是宇宙的產物，是暫時的過客。惠勒卻認為，宇宙離不開人——宇宙產生了人，人也通過「觀察」參與了宇宙的產生。奇妙的是，佛教有類似的思想，認為宇宙是過去、現在和未來所有眾生的「業力」（karma）所導致的——眾生的身體生活在宇宙中，但沒有眾生就沒有「業力」，也就沒有宇宙。

宇宙可以被看作一個「因果鏈條」（大爆炸導致了空間的膨脹，進而導致了星系的形成，進而導致了生物的產生和進化，進而導致了

人類……），惠勒和佛教認為這鏈條是首尾相連的，就像西方傳說中的神物「銜尾蛇」。

一般人會認為這是胡說八道，因為原因和結果完全對立，而且總是先有原因後有結果，無法顛倒。但前文提到，愛因斯坦已經發現時間順序並非絕對，可以因為觀察者的運動狀態而顛倒——從某種意義上說，時間是個幻象。

儘管「銜尾蛇」模型難以想像，卻比傳統宇宙觀更「優美」、更容易自圓其說。當因果鏈條首尾相連，就形成了一個「自洽」的圓圈——任何現象都有其解釋；但如果不相連，就會有「醜陋」的兩端——一端是沒有原因的原因，另一端是沒有結果的結果，無法「自洽」。在傳統宇宙觀中，宇宙來得沒有原因，也不知結果在何處，是非常奇怪的。

惠勒在晚年專注於研究「對於宇宙結構來說，生命和意識是毫不相關還是至為重要？」他認為是後者：「實在是由一些觀察的鐵柱及其間的理論和想像構成的」；「並不存在獨立於任何觀察之外的宇宙。」他說，宇宙的奇蹟勝過人們在「最狂野的夢裡所能想像出來的最燦爛的焰火」。

皓月當空，只因你在仰望？

如果現實是因為觀察而被創造的，不同的人就會創造不同的現實。如果你在賞月，而我在睡覺，月亮是不是粒子態呢？

邏輯的回答是「對你是，對我不是」。那豈不成了你體驗著一個現實，而我體驗著另一個？

時間圓環的遐想

　　我們遇上過一些原因和結果糾纏不清的東西，例如雞和蛋，因為它們是因果輪迴的，先有雞還是先有蛋是個亙古爭論的問題。此外還有許多因果迴圈的事物，我們往往視而不見。

　　例如太陽。假如一個只能活20分鐘的細菌足夠聰明，就會發現太陽是從東邊開始，在西邊結束的。但它可能想不到，西邊結束的太陽正是東邊開始的太陽的原因。廣言之，事物只要是周而復始的或「圓的」，就是因果輪迴的。這樣的事物何其多：四季，晝夜，月亮的圓缺……。「圓的」事物也很多：月亮繞著地球轉，地球繞著太陽轉，太陽繞著銀河系的中心轉……也許，我們只是像思考太陽的細菌那樣眼界太短淺，宇宙的確像惠勒所指出的那樣是首尾相接的。

　　時間能夠「首尾相接」嗎？遙遠的過去和遙遠的未來可能是相連的嗎？我們不知道，但可以遐想。

　　設想，時間是個「大圓環」，我們在其上叫做「現在」的一點。沿著圓環回溯138億年，有個叫做「大爆炸」的點；從「現在」往未來前進，我們會繞圓圈一周，回到「大爆炸」。如果繼續前進，我們又會回到「現在」。

　　讓我們把想像的翅膀張得更大一些，到我們所害怕的「黑暗領空」去翱翔。即使時間圓環只有「一輩子」那麼長——你出生時才「開始」，死亡時又「歸零」（回到出生那一點），你是不會察覺的。

　　若如此，宇宙138億年的歷史是怎麼回事？歷史只是你通過觀察現實推導出來的信念，只要現實（包括科學家的觀察和發現，你所接受的一切資訊等）周而復始地重複，你就「每次」都會推導出同樣的過去。僅僅從邏輯上說，在一個「一輩子」的圓環裡，你所經歷的現實可以和你到目前為止的經歷一模一樣，科學的發現也會一模一樣，沒有不「一致」的地方。

　　這個貌似「荒誕」的模型逼著我們問一個問題：究竟什麼是「現實」？如果連什麼是「現實」都不知道，我們是沒法找到世界的邊緣的。

對多數人來說，這些思想很奇怪，有著濃濃的唯心主義的嫌疑。就連認為時空可塑、相信斯賓諾莎的上帝的愛因斯坦也無法接受以波耳、海森堡和玻恩為首的科學家們所宣導的量子理論，他曾問一個學生：「你是否相信，月亮只有在看著它時才真正存在？」在他眼裡，世界是客觀確定的，他反感隨機的概念，認為「上帝不會擲骰子。」波耳認為愛因斯坦再聰明，也不見得知道上帝的心意，「別告訴上帝怎麼做！」是他對愛因斯坦的回應。

兩位科學巨擘所爭論的，不僅僅是物理問題，也是哲學問題——世界在你沒看它時，是不是以你習以為常、實實在在的形式存在？這問題以多種形式出現：基本粒子在沒被觀察時是否是粒子態？月亮在沒人看它時是否照常存在？愛因斯坦認為是，而波耳認為否。

從表面看，這爭論像極了傳統的唯物和唯心的爭論——愛因斯坦好像是客觀唯物的，認為世界是「真的」，是不以人的意志為轉移的；而波耳彷彿是主觀唯心的，認為世界是「假的」，有了人的觀察才成為「真的」。

波耳與愛因斯坦

但仔細想想就不盡然：波耳並沒說世界是臆造的，他只是說世界在沒被觀察時，不以我們所熟悉的方式存在而已——是波態，而非粒子態。概率波並非意念胡亂編造的產物，而是遵循著客觀規律的一種

存在——在某個地方發現某粒子的可能性可以用薛丁格方程算出來。

愛因斯坦也並非認為世界是和人毫無關係的獨立客體。他指出，人與人之間並沒共用著「同時性」，並不存在絕對的時空，每個人所體驗的現實都取決於他所在的參照系。

他們爭論了 30 多年，直至愛因斯坦去世。1935 年，論戰達到頂峰，愛因斯坦自以為找到了波耳的致命破綻——假如波耳是對的，就應該存在一種被愛因斯坦譏諷為「幽靈般的超距作用」（spooky action at a distance）的現象——兩顆相距十萬八千里、毫無聯繫的粒子能瞬態地彼此感應，這顯然是不可能的，於是他發表了一篇論文，提出量子力學是不完備的。

他的推理涉及一位前面提到過多次的科學家，名叫海森堡（Werner Heisenberg，1901 － 1976）。

測不準的世界

此人出生於德國維爾茨堡（Würzburg），自幼聰穎過人，40 歲前都順風順水——二十出頭就敢挑戰量子力學泰斗波耳，被慧眼識才的波耳收為徒弟；24 歲創立了矩陣力學；31 歲獲得諾貝爾物理學獎。但其後的經歷讓他成了許多人眼裡的惡魔，就連波耳都這麼認為；而在少數人眼裡，他卻昇華成了天使。

像愛因斯坦一樣，海森堡很注重問問題，曾說：「我們所觀察到的並非自然本身，而是自然因為我們問問題的方法而顯露出的部分」，「提出正確的問題，往往等於解決了問題的大半」。他想到一個有趣的問題：要描述任何東西的運動狀態，都得知道它的位置

波耳與海森堡

和速度。如何才能知道一顆微觀粒子（如電子）的位置和速度呢？我們必須用某個東西去和它互動（否則無法測量），比如把一顆光子打在電子上。但光子會導致電子的位置和速度發生改變——光子的能量越高，測出的位置就越準確，但測出的速度誤差就越大；反之亦然。這麼一來，豈不是位置和速度無法同時被測准了嗎？

這就像在一個充滿濃煙的屋子裡，從天花板上懸著一顆來回晃動的鋼球，要測量它的位置和速度，你可以用玩具槍將玻璃珠射向鋼球的大致方向，根據玻璃珠撞在鋼球上的聲響判斷它的位置。但玻璃珠的碰撞會改變鋼球的速度——玻璃珠飛得越快，發出的聲響越大，位置測得就越準確，但鋼球的速度改變得就越厲害。

從本質上，海森堡指出了一個人類所面臨的「困局」：我們沒法對一個東西進行觀察，同時又對它毫無影響。如果觀察，世界就變了；但如果不觀察，我們如何知道世界是怎樣的呢？

世界就像老式攝影中的感光膠捲，我們只有在光下才能看到它的顏色，但因為它一遇到光就會變黑，所以我們每次看它時都是黑色的，我們無法知道不看它時是不是黑色（其實不是）。世界在沒被觀

察時，是否以我們看著它時的樣子存在？這不也是愛因斯坦和波耳之爭的本質嗎？

海森堡根據數學演算，發現任何粒子的位置和動量1無法同時被確定——知道了位置，動量就不確定；知道了動量，位置就不確定，這叫做測不準原理（Uncertainty principle）。

這就像給一枚飛行中的子彈拍照，曝光時間越短，子彈的圖像越清晰，動感就不那麼明顯；曝光時間越長，子彈越模糊，動感就越強。總之清晰度（位置）和動感（動量）是魚和熊掌，不可兼得。

請注意，此處不是說因為測量方法不夠先進所以測不準，而是說「測不準」是物質的根本性質，無論多完美的方法都不可能消除它。我們前面用到了光子打電子，玻璃珠撞鋼球之類的描述，僅僅只是為了引出問題，測不準原理是個放之四海而皆準的規律，與測量的方法和過程無關。

任何東西的位置和動量都無法同時被確定，我們在現實生活中怎麼沒發現啊？因為我們接觸的一般是宏觀物體，它們的品質（相對於微觀粒子來說）十分巨大，所以「測不準」的程度微乎其微，無法察覺。微觀粒子的不確定性較容易測量，例如，假如確定了一顆電子的速度，它位置的不確定性就變得無窮大——它按照一定概率分佈在宇宙中所有的地方。

測不準原理顛覆了人類對現實的認知。在那以前，科學家們都和牛頓一樣，以為世上所有東西的運動狀態都是確定的——在任何瞬間，無論是否被測量，任何東西都精準地處在某個地方，精準地以某

---

1 動量等於質量乘以速度，所以質量越大，速度越快的物體動量就越大。

個速度運動。測不準原理把這個信條掀翻了：無論測量方法多完美，都不可能同時準確知道某個東西的位置和速度。

我們無法對位置做出絕對精確的測量或描述。有意義的最小可測長度叫做普朗克長度，約等於 1.6×10^{-35} 公尺，它很短，一個質子裡就可以放下約一百萬兆（10^{22}）個。類似的，有意義的最小可測時間叫做普朗克時間，約等於 5.4×10^{-44} 秒，它也很短，把兩千萬兆兆個普朗克時間加起來才約 1 秒鐘。

從前我們以為時間和空間都是無限可分的，但它們實際上有最小的可分單位，在更小的尺度下，它們的傳統標示將失去意義。世界是「不連續」的，就像電腦螢幕上的畫面，遠看平滑，但當我們把它放大到一定程度，就會看到一顆顆的像素，不可能有比這些像素更精微的細節。

當許多人測量同一個東西的位置和速度時，結果會不盡相同，這導致了一個重要問題：我們如何知道所有人觀察到的是同一個東西？廣而言之，如何知道所有人共用著一個世界（而不是每人各有一份世界）？

這些物理發現有著深刻的哲學意義，而海森堡深諳物理和哲學的聯繫，他曾說：「現在無論是誰，如果沒有相當豐富的當代物理學知識，就不能理解哲學，你要是不願成為最落後的人，就應該馬上去學物理。」親愛的讀者，你顯然「不願成為最落後的人」，否則怎麼會花精力翻過本書中一座座物理的高山？你一定已經明白：這不僅僅是一本科普的書，也是一本哲學的書。

一半是天使，一半是魔鬼

既然海森堡那麼聰明，天使和魔鬼又是怎麼回事？這要從 1939 年爆發的第二次世界大戰說起。戰前德國的科學在全球遙遙領先，但其後希特勒的種族政策逼走了近一半科學精英，其中包括愛因斯坦、薛丁格、費米、玻恩、泡利、波耳、德拜等世界級人才。在納粹上臺的第一年，就有約 2600 名科學家背井離鄉。

德國是海森堡所熱愛的祖國，他又擁有純正的日爾曼血統，所以沒有理由離開。1941 年，他被納粹德國任命為柏林大學物理學教授和威廉皇帝物理所所長，成為研製原子彈的領導人。當時德國是原子能軍事應用方面最先進的國家，而且在捷克斯洛伐克控制著世界上最大的鈾礦，希特勒的原子彈計畫理應不費吹灰之力。

但海森堡給希特勒寫了份報告，說需要至少幾噸鈾 235 才能生產出原子彈，所以在戰爭期間成功的可能性極低。他在計算中犯了個低級錯誤，把鈾 235 的需要量算大了好幾個數量級，其實十幾公斤就夠了。希望軍事研究「短平快」的希特勒無心繼續，便給了他 35 萬馬克經費，命令他「繼續研究」。在其後的三年中，緊張的戰事迫使德國將大量資金投入到坦克、飛機等武器的製造中，人才繼續大量流失，原子彈計畫幾乎停頓。

到 1944 年，德國秘密警察組織（蓋世太保）首腦、頭號戰犯希姆萊才再次注意到原子彈的研究，但德國在人才、經費、資源等方面均已匱乏。諾曼地登陸以後，德軍腹背受敵，面對盟軍迫在眉睫的攻擊，德國人已經無力實現原子彈計畫。與此同時，美國研製原子彈的「曼哈頓計畫」耗資 22 億美元，動用了約 50 萬人，最終成功。

1945 年 8 月，美國在日本廣島和長崎投下的原子彈導致了 20 多萬人死亡，其中包括無數手無寸鐵的婦女和兒童。

在常人眼裡，如果海森堡是有意算錯，阻止了希特勒的原子彈計畫，避免了生靈塗炭，他就是個天使；但如果他是真心輔佐希特勒，只是因為無能而算錯了，他就是個魔鬼。

海森堡標榜自己是天使，聲稱德國科學家們從一開始就意識到原子彈的殺傷力太強，涉及許多道德問題，因而不想研發；但又出於對國家的義務，不得不幹。他們心懷矛盾、消極怠工，有意無意地誇大了製造的難度，再加上外部環境的惡化，使得政府最終放棄。

但許多人認定他是魔鬼，其中之一是為躲避納粹而逃離丹麥的波耳，終身都沒能原諒他。許多參與了「曼哈頓計畫」的科學家似乎必須證明海森堡是魔鬼，才能逃脫自己無視原子彈的道德問題的罪責，其中包括海森堡舊時的好友、「曼哈頓計劃」的重要領導人之一古德斯米特（Samuel Abraham Goudsmit，1902—1978），他與海森堡在媒體上進行了多年公開辯論。

二戰後海森堡並未銷聲匿跡。1946 年，他與同事一起重建了哥廷根大學物理研究所，並擔任所長。十年後他被慕尼黑大學聘為物理教授，研究所也隨他遷入慕尼黑。他在促進原子能和平應用上做出了很大貢獻，1957 年，他和其他德國科學家聯合反對用核武器武裝德國軍隊，並擔任了日內瓦國際原子物理學研究所第一任委員會主席。

那麼，海森堡算錯究竟是有意還是無意的？從種種蛛絲馬跡判斷（比如他聽說美國人在日本投了原子彈時認為是造謠，不可能是真的），很可能是無意的，但這並不重要，重要的是他沒有導致無辜生

命的喪失。我們不應該追究一個人「意念上」的對錯。

海森堡是天使還是魔鬼？他既非天使，亦非魔鬼，而是凡人。在評判人方面，人類最常犯的錯誤之一是「格子綜合症」──不是天使，就是魔鬼，不可能兩者都是。在現實中，每個人都是善良與邪惡陰陽參半的，並無純粹的天使或魔鬼。

難道你身上不是優點與缺點、無私與自私、愛與恨混雜在一起的嗎？

人是天使還是魔鬼？光是波還是粒子？世界是唯物還是唯心？現實是色還是空？在無數維度上，人類都看到貌似相反的陰陽兩面，這些「陰陽對」的表象差別很大，但每一對的對稱性是顯而易見的。如果世界遵循著某種根本的、一致的法則，那麼這些「陰陽對」之間的關係就應該具有某種類似性。事實的確如此，這關係在物理上表現為互補原理和波粒二象性，在哲學上被稱為辯證統一，在宗教上叫做色、空。人既是天使又是魔鬼，光既是波又是粒子，世界既是唯物又是唯心，現實既是色又是空……只有當人類能接受這些對立事物的統一，才能從狹隘和偏執中走出來，看見真正的世界。

扯了這麼遠，海森堡和愛因斯坦所說的「幽靈般的超距作用」有什麼關係？先別急，要理解愛因斯坦究竟是如何攻擊波耳的，我還得先介紹一個你耳熟能詳但也許不知所云的詞：量子糾纏（quantum entanglement）。

空間的幻象

對一般人，「量子糾纏」的定義確實不知所云：當粒子成對或成

既是天使，又是魔鬼

德國曾有另一位既是天使又是魔鬼的科學家，名叫弗里茨·哈伯（Fritz Haber，1868—1934），他的命運和海森堡有許多平行性——如果說海森堡是德國日爾曼人的「陽」，哈伯堪稱德國猶太人的「陰」。

哈伯的智力一點不比海森堡差，19歲就被德國皇家工業大學破格授予博士學位。他發明了大規模而且相對廉價的人工固氮法，至今約一半世界人口的糧食依賴於靠這個發明所生產出的氮肥，所以他堪稱解決人類饑餓問題的「天使」。

一戰中，哈伯被盲目的愛國熱情沖昏了頭腦，成了為德軍製造化學武器的「魔鬼」。他發明的毒氣造成近130萬人傷亡，占大戰傷亡總數約4.6%。其妻子，德國史上第一位化學女博士克拉拉·伊梅瓦爾（Clara Immerwahr，1870—1915），對他的行徑公開發表演說加以譴責。就在德軍首次使用毒氣三週後，她便用手槍結束了自己的生命，以極端的方式表達了對他的抗議，但她死後第二天，他便離開德國，到俄國前線組織毒氣戰。

1918年，一戰以德國失敗告終，哈伯為逃避戰犯的罪責在鄉下躲避約半年。滑稽的是，他在同年因發明人工固氮法獲得了諾貝爾化學獎，他將

全部獎金捐獻給了慈善組織，以表達內心的愧疚。

15年後，希特勒上臺，開始了以消滅「猶太科學」為目的的所謂「雅利安科學」的鬧劇。身為猶太人的哈伯被迫離開了他所效忠的德國，流落他鄉，1934年在瑞士逝世。二戰期間，他所發明的毒氣被納粹用來殺害了約六百萬猶太人，其中包括他的一些親友。

組地產生或相互作用時，即使它們之間相距甚遠，也無法單獨描述每個粒子的量子態，而必須將它們放在一起，作為一個不可分割的整體來描述。

讓我用一對糾纏的光子做例子來解釋。如果將一顆光子射向 BBO（β 相偏硼酸鋇）晶體，它會在其中分裂成兩顆「孿生光子」（如下圖所示）。它們是「糾纏」的：我們不知道它們分別的偏振方向（無法分別描述），但這兩個方向總是彼此垂直的（可以作為整體描述）──只要知道其中一個，立即就知道另一個。這就像隨機地放在兩個麻袋裡的一雙手套，你不知道哪只左哪只右（無法分別描述），但知道是一左一右（可以作為整體描述）──如果打開其中一個麻袋，發現是左手，立即就知道另一個裡面裝著右手。

知道了什麼是不確定原理和糾纏，我們終於可以理解愛因斯坦是如何攻擊波耳的了。他設計了一個思想實驗，讓我用簡化了的語言進行解釋。假想有兩個粒子 A 和 B，它們是糾纏的：

如果知道了 A 的位置，就必然知道 B 的位置，反之亦然；而它們的動量總是大小相等、方向相反的──知道了 A 的動量，就必然知道 B 的動量，反之亦然。

根據海森堡測不準原理，無法同時知道 A 的位置和動量，但我們可以先測好 A 的位置，然後在不觸動或干擾 A 的情況下，通過測量 B 的動量而知道 A 的動量。這樣一來，豈不是 A 的位置和動量同時被確定了，測不準原理被打破了嗎？要維持它，對 B 的動量的測量應該導致 A 的位置變得不確定，但 A 和 B 可以相距遙遠，A 怎麼會「知道」B 的動量被測量了，而讓自己的位置變得不確定？根據波

耳的量子理論，它們之間必須存在某種「幽靈般的超距作用」！愛因斯坦指出這顯然是不可能的，甚至是荒唐可笑的。

有個叫約翰・貝爾（John Bell，1928—1990）的年輕科學家堅定地站在愛因斯坦一邊，發誓要用實驗證明他是對的，結果卻幫了個大大的倒忙。

貝爾出生於北愛爾蘭的一個工人之家，曾在歐洲高能物理中心（CERN）工作。像許多其他科學家一樣，他衣著隨便，不修邊幅，蓄著大鬍子，不知是為了省理髮的錢還是誤以為頭髮長比較帥，常常一連幾個月都不理髮。他的本職工作是加速器設計工程，卻迷上了與之相去甚遠的量子論，只好利用業餘時間進行研究。和愛因斯坦一樣，他相信「定域實在論」──一個粒子的屬性獨立於觀測而存在，不可能瞬態地被一個遠處和它毫無關聯的事件影響。

1964 年，也就是愛因斯坦去世後第九年，貝爾提出了「貝爾不等式」（Bell's inequality），使得運用實驗驗證愛因斯坦和波耳孰是孰非成為可能，貝爾的小算盤是實驗結果會為愛因斯坦的理論提供支撐。17 年後，法國光學研究所由阿萊恩・阿斯派克特（Alain Aspect）領導的團隊在巴黎大學的地下實驗室裡進行了第一個貝爾實驗，結果卻表明愛因斯坦是錯的──確實存在「幽靈般的超距作用」。

後來相繼出現了許多形式的貝爾實驗，都支持波耳的理論。在和波耳的「戰爭」中，愛因斯坦敗下陣來。今天，科學家們已經用光子、電子，中微子、巴基球分子甚至小鑽石等做實驗證明了量子糾纏的存在，糾纏在通信與計算中的應用是一個非常活躍的研究領域。

糾纏是超時空的。無論相距多遠，兩顆糾纏的粒子之間都存在著

暫態的「幽靈般的超距作用」。就像延遲選擇實驗說明時間也許只是幻象一樣，量子糾纏說明空間距離也許只是幻象——任何距離不需要時間就可以跨越，意味著世間萬物是由某種人類還不理解的方式「連在一起」的。對尋找世界邊緣的人來說，這真是天大的喜訊——我們不必再像螞蟻那樣一點一點地丈量空間了。但世界變得更加撲朔迷離，如果時間和空間都是幻象，我們生活在怎樣一個世界裡啊？

像雙縫實驗一樣，量子糾纏揭示了觀察者和觀察對象間神秘而深刻的聯繫。量子糾纏涉及到觀察，而觀察似乎離不開有意識的主體（必須有「誰」在觀察）。物質和意識究竟是什麼關係？關於這個問題眾說紛紜，莫衷一是。有個理論試圖解釋物質和意識的關係，叫做「意識導致坍縮」（consciousness causes collapse）。

意識導致坍縮

早期提出和宣導該理論的人是維格納（Eugene Paul Wigner，1902—1995）和諾依曼（John von Neumann，1903—1957），所以它又叫維格納—諾依曼詮釋（von Neumann–Wigner interpretation），或乾脆稱諾依曼詮釋（von Neumann interpretation）。

他們都出生於匈牙利首都布達佩斯，碰巧是中學同學，兩人有時一起放學回家，一路上討論數學等問題。諾依曼絕頂聰明，雖然比維格納小一歲，數學卻比他超前兩個年級。維格納回憶道：「我在我的一生中認識過許許多多聰慧過人者……愛因斯坦也是我的一位好朋友……，但沒有一個人的頭腦像諾伊曼那樣敏銳和快捷，……他的頭腦就好像一具理想的儀器，其中的齒輪加工得緊密配合到千分之一英

幽靈般的超距作用

「幽靈般的超距作用」不容易理解，所以我想用另一個糾纏的例子進行解釋。你可以舉一反三，從而弄清量子糾纏究竟是怎麼回事。

設想有一對糾纏的正負電子，權且叫A和B。在開始試驗之前，先給你介紹幾個基本知識：

（1）在沒測量之前，電子在任何方向上的自旋（spin，是電子的一種物理特性）都是隨機的。如果在某一個軸上測量，得出的結果有50%的可能是「上旋」，50%的可能是「下旋」。

（2）如果測量某一個軸上的自旋方向，該軸上的自旋方向就被「固定」住。為方便描述，我們將兩個彼此垂直的方向（例如橫線和直線）叫做X軸和Y軸。例如，測量A的X軸，發現是「上旋」的，那麼以後再測A的X軸就總會得到「上旋」的結果，不再是50/50的概率，讓我們簡單粗暴地說A的X軸被「固定」住了。

（3）因為A和B是糾纏的，在任何一個軸上，它們的自旋方向總是相反的。例如，A的X軸「上旋」，B的X軸就「下旋」，所以如果A的X軸被「固定」了，B的X軸也會同時被「固定」。

（4）根據海森堡的測不準原理，電子在彼此垂直的方向上的自旋方向無法同時被知道，所以，一個電子的X和Y軸不可能同時被「固定」。

科學家通過測量，「固定」住A在X軸上的自旋方向，B在X軸上的自旋方向會同時被「固定」。繼而，通過測量「固定」住B在Y軸上的自旋方向，相應地，A的Y軸也被「固定」住了。

但根據海森堡的測不準原理，A在X和Y軸上的自旋方向無法同時被「固定」，這意味著A在X軸的自旋會在B的Y軸被測的瞬間變得不「固定」，這也正是實驗的結果。但如果A和B相距很遠且毫無聯繫，A怎麼可能「知道」B的Y軸被測量了而立即讓自己的X軸變得不「固定」？這就叫做「幽靈般的超距作用」。

寸以內。」維格納也非等閒之輩，他在物理方面比諾依曼強。他們長大後，分別追求了自己的事業：維格納鑽研的是物理，獲得了諾貝爾獎；而諾依曼成了數學家，被譽為「電腦之父」和「賽局理論之父」。

維格納—諾依曼詮釋認為：物質世界由基本粒子組成，在沒被觀察時都是概率波，概率波無法把自己坍縮成粒子態，必須要意識的觀察才能實現。

例如，在某個實驗中，承載著實驗結果的光信號從測量儀器傳進實驗員的眼球，在視網膜變成神經電脈衝，傳進他的大腦，他的意識中出現了實驗結果。

從概率波到粒子的坍縮發生在何處？是測量儀器？眼球？視神經？還是大腦？都不是，因為這些東西都是由基本粒子組成的，它們本身還需要被觀察才能從概率波坍縮成粒子態。

維格納——諾依曼詮釋認為，「觀察」發生在物質和意識的「交界處」，是意識的觀察導致了概率波的「坍縮」。實驗的資訊到達意識之前所經歷的路徑是實驗的一部分，是由量子力學主宰的，只有意識是在量子力學的疆域之外。如果把世界當成一個「大實驗」，意識就是它唯一的觀察者。

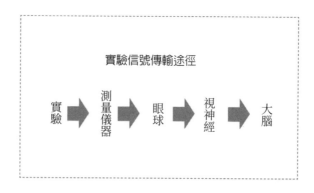

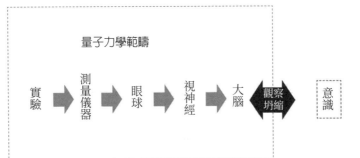

量子力學範疇

實驗 ➡ 測量儀器 ➡ 眼球 ➡ 視神經 ➡ 大腦 ⬛觀察坍縮 意識

　　這理論的驚人之處是將實驗員的身體，包括大腦，都歸成了實驗的一部分。倘若如此，是誰在做實驗啊？該詮釋的回答是：實驗員的意識在做實驗，意識在物質世界之外，是唯一的觀察者。

　　無獨有偶，薛丁格也認為意識在物質世界之外：「物質和能量在結構上由微粒組成，生命也一樣，但意識卻不同。」「我們不屬於科學為我們所建造的這個物質世界。我們不在裡面，而在外面，我們只是觀察者。我們之所以相信自己在其中，屬於這個畫面，是因為我們的身體在畫面中。我們的身體屬於它（指物質世界）。」

　　如果接受意識是觀察者，就能把前面那張圖簡化，得到下面這張圖：

「意識鏡面」與「數字的煙」

量子力學範疇
我所觀察到的粒子態世界

⬛觀察坍縮

量子力學範疇之外
我的意識

我的觀察導致了我所觀察到的世界

如果意識導致坍縮，世界就和我們從前所認為的大不相同：在沒人觀察時，世界是一大團「數字的煙」（概率波或可能性），它是虛無縹緲、變幻莫測的。意識就像一面鏡子，我們所觀察和經歷的粒子態世界，就像鏡面中所映射出的「煙」的影子；所謂坍縮，是指這一映射的過程。我們所熟知的所謂「現實」，雖然感覺是確實、固定的，卻不過是一個影像，依賴於鏡面（「我」的意識）的映射。

薛丁格得出了類似的結論，他把意識比作一幅畫面，而不是鏡子，但效果是一樣的：「為什麼在我們描繪的科學世界的圖畫中任何部分都找不到感覺、知覺、思考的自我？……因為它就是那幅畫面本身。它與整個畫面相同，因此無法作為部分被包括進去。」

每個人的意識都是一面獨立的「明鏡」（人們並沒共用著同一個意識），因為人與人之間的相對速度（相對於光速來說）總是很小，所以映射出的「數字的煙」的影像非常相似，以至於我們以為經歷著同一個現實。但這「數字的煙」並不唯一或實在，我們只是各自在一大堆可能性裡取了一個來體驗。

這個模型從根本上解釋了世界的物心二相性。粒子態世界是一堆可能性在「意識鏡面」中的影像，從這個意義上說，世界是唯心的；同時，概率波是一種客觀存在，而且遵循著嚴格的數學規律，從這個意義上說，世界又是唯物的。

竟然有兩個世界，一個在「意識鏡面」中，一個在「意識鏡面」外？這思想太新穎了吧！它不僅不新穎，而且很古老。

古今中外，有許多偉大的哲人和思想家得出過相同的結論，只是他們表達的方式不同罷了。讓我從古印度人的信仰說起。

兩個世界

　　古印度人信仰婆羅門教，後來發展為印度教。今天印度教徒有約11億之眾，是佛教徒的兩倍多。他們認為，世界有兩個，一個看不見，叫做「梵」；另一個看得見，叫做「幻」。「梵」是一個無所不在、無所不包、無法直接感知的實在，而「幻」是「梵」所產生的幻象。正如《伊莎奧義書》（大約西元前 600 年—前 300 年）開篇所寫：「不可見的梵是無限的，可見的宇宙也是無限的，無限的宇宙出自無限的

意識導致時間和空間？

　　延遲選擇實驗似乎說明時間是個幻象；量子糾纏似乎說明空間也是個幻象，但我們分明能感到時空的存在，這是怎麼回事？

　　就拿時間來說吧，它看不見摸不著（鐘錶只是用以代表時間的物體，並非時間本身），如何知道它究竟存不存在？科學家們一直沒能找到它存在的客觀證據，反而驚奇地發現，所有物理定律都不依賴於時間的方向性，也就是說，即使時間是倒流的，它們仍然成立。

　　「意識鏡面和數字的煙」的模型也許能解釋。人類之所以認為時間在從過去流向未來，也許是因為意識在按一定順序「讀世界」。世界（「數字的煙」）只是一堆可能性，本身是沒有時間和空間的。它就像一本散了架的書，所有的頁面都胡亂地散落著，並沒有什麼順序。每一頁的右下角有個頁碼，代表著那一頁的混亂程度（物理中對應的量叫做「熵」）。「我」的意識總是從頁碼低的向高的讀（也就是向越來越混亂，即「熵增」的方向），於是把這些頁的內容串成了一個故事。

　　我們也可以把時間和空間想像成「意識鏡面」的長和寬兩個維度，「數字的煙」本身沒有時空，但當它被映入鏡面，鏡中的影像就有了時空。

梵。」「幻」就是可見的宇宙，它讓人想到愛因斯坦的名言：「現實只是一種幻覺，雖然是一種非常持久的幻覺。」

古印度人的信仰和量子力學的發現是一致的：「梵」相當於「數字的煙」（概率波或可能性），而「幻」相當於「意識鏡面」中的影像（粒子態）！

根據八世紀吠檀多哲學大師商羯羅提出的「無分別不二論」，「我」和「幻」源於「梵」，又將歸於「梵」、同一於「梵」，所以「梵」與「幻」「不二」（沒有差別），只是同一個世界的兩面。類似的，量子力學也認為波和粒子是物質的雙重性質，是同一、不可分割的。

和古印度哲學一樣，佛教中也有一對貌似對立、實則統一的理念：「空」和「色」。佛教認為「色即是空，空即是色」——貌似實在的大千世界（「色」），是一大堆飄忽不定、瞬間即逝的「空」。此處的「空」有兩層相關但不盡相同的意思：一層是說，一切事物和現象都是運動變化、瞬間即逝的；另一層是說，它們是因緣和合而生，是假而不實的。佛教和量子力學、印度教異曲同工：「空」是「數字的煙」，而「色」則是「意識鏡面」中的影像。

道家也用成對的詞彙描述世界的兩面：「無」和「有」、「陰」和「陽」、「道」和「物」，它們猶如電腦語言中的「0」和「1」，是依賴於對立而存在的（「有無相生」；「萬物負陰而抱陽」）。就像「幻」來源於「梵」一樣，「物」來源於「道」（「道生一，一生二，二生三，三生萬物」；道「為天地母」），而「有生於無」。不難看出，此處「道」和「無」是「數字的煙」；而「物」和「有」則

是「意識鏡面」中的影像。

　　某些西方哲學家也有類似的思想。如古希臘唯物主義哲學家阿那克西曼德（Anaximander，約前 610—前 545 年）認為，萬物的本源不是具有固定性質的東西，而是「阿派朗」（apeiron），它在運動中分裂出冷和熱、乾和濕等對立面，從而產生萬物，世界從它產生，又復歸於它。他說：「萬物所由之而生的東西，萬物毀滅後複歸於它。」顯然，「阿派朗」等同於「數字的煙」，而「萬物」則等同於「意識鏡面」中的影像。

　　古希臘哲學家、愛利亞派的實際創始人和主要代表巴門尼德（Parmenides，約西元前 515 年—前 5 世紀中葉以後）沒有用拗口的「阿派朗」這個詞，但理念是一樣的。他認為世界上唯一存在的只有「一」，這個「一」是普遍的和永恆的；所有能看到的東西（可見世界）都只是人的信念，是由於感官的欺騙，所以都是幻象。顯然，他所說的「一」是「數字的煙」；而「可見世界」則是「意識鏡面」中的影像。

　　古希臘哲學家、客觀唯心主義的創始人柏拉圖（Plato，公元前 427 年—前 347 年）也認為，世界由「理念世界」和「現象世界」組成。「理念世界」真實存在、永恆不變；而人類感官所體驗到的現實只不過是它的模糊反映，是一堆「現象」，所以叫做「現象世界」。它們是同一個世界的兩個「層次」，共同存在。此處的「理念世界」是「數字的煙」；而「現象世界」則是「意識鏡面」中的影像。

　　現代物理和古代宗教、哲學殊途同歸，下表是一個總結。

現代物理和古代宗教、哲學有著類似的理念

思想派別	世界的兩面		辯證統一關係
量子物理	粒子	波	波粒二象性
婆羅門教和印度教	幻	梵	不二論
佛教	色	空	色即是空，空即是色
道家	有、物	無、道	有無相生，道之為物，惟恍惟惚
阿那克西曼德	萬物	阿派朗	萬物從阿派朗中產生，又復歸於它
巴門尼德	可見世界	一	一元論
柏拉圖	現象世界	理念世界	同一個世界的兩個層次
光子	意識鏡面的影像	數字的煙	數字的煙映射在意識鏡面中形成了影像

　　概率波、「梵」、「空」、「道」、「阿派朗」、「一」和「理念世界」統統是指「數字的煙」，它無處不在：概率波分佈於所有的空間；「梵」是無邊無際的；「道」是「其大無外，其小無內」；「阿派朗」又稱 boundless，即沒有限定、無固定界限；「一」也是無處不在，無時不有的（空間中不可能有任何位置，時間中不可能有任何時刻使「一」不存在）。

　　「數字的煙」是沒有具體形狀的：概率波是物質沒被觀察時的狀態，所以是無形無蹤的；「梵」也無形無象；「道」更是「大道無形」、「寂兮寥兮」、「惟恍惟惚」；「阿派朗」沒有固定的形式和性質；「一」亦無具體形象；「理念世界」無法憑感官直接感知，當然也就無形無狀。

　　粒子態、「幻」、「色」、「物」、「萬物」、「可見世界」和「現象世界」都是指「意識鏡面」中的影像，能被看見摸著。它們的類似性也顯而易見：粒子態是概率波坍縮的結果，「幻」是「梵」的

顯現，「物」生於「道」，「萬物」來自「阿派朗」，「現象世界」是「理念世界」的微弱反映。

科學、宗教和哲學，抵達了同一個結論：世界有看得見的一面，也有看不見的一面。它既是「數字的煙」又是「意識鏡面」中的影像，既是「波」又是「粒子」，既是「梵」又是「幻」，既是「色」又是「空」，既是「道」又是「物」，既是「阿派朗」又是「萬物」，既是「理念世界」又是「現象世界」。這些成對的概念描述了世界相互對立而又互補互依的兩面。

為了徹底解釋清楚，讓我用彩虹打個比方。彩虹是空氣中的細小水珠將陽光反射到人眼裡所形成的影像，只要空中有一團霧氣，而且人和陽光在特定的角度上，就會出現彩虹。它只是個幻象──空中並沒有一條七彩的帶子，如果沒有人眼從特定的角度接受水珠反射來的光，就不會出現彩虹。

霧氣就是「數字的煙」（或概率波、「梵」、「空」、「道」、「阿派朗」、「一」和「理念世界」）；而彩虹就是「意識鏡面」中的影像（或粒子、「幻」、「色」、「物」、「可見世界」和「現象世界」）。粒子態世界是因為我們的觀察而看到的幻象，它背後有一個我們無法直接體驗的概率波世界。

為什麼現代科學和古代宗教、哲學有類似性？難道古人得到了神或外星人的指點，在沒有現代科技的情況下就知道了量子力學所發現的真相？我不這麼認為。更可能的，是因為宇宙的「核心架構」在所有的事物中都體現出來了，古人從容易觀察到的現象就能舉一反三，發現普遍的真理。

例如，霧氣結成露珠、烏雲凝成雨滴可能讓他們悟到有形的「物」是從無形的「道」中來的；月亮的圓缺、季節的交替可能讓他們悟出陰極生陽、陽極生陰，物極必反的道理。我們今天要做的，是像古人那樣，不被博大、紛雜的宇宙所嚇倒，撥開現象的迷霧，看到它的「核心架構」。

上面這些理論看似完美、一致，但有個巨大的問題，就像萬里晴空中的一朵烏雲：「我」的意識是什麼？如果它是大腦中神經電現象的總和，豈不應該是物質世界的一部分？「我」存在嗎？在「我」的身體之外，是否有個單獨的「我」？

新「萬物皆數」

「梵」是「數字的煙」，就是說這個無所不在、無所不包的終極存在是一堆數字，這不就是「萬物皆數」嗎？科學走過了一個巨大的圓圈，回到了畢達哥拉斯的理論。

對什麼是「現實」做了幾十年研究的惠勒也悟到了這一點，創造了「萬物皆數」的現代版，叫做「萬物源於比特」（「It from bit」）。他認為，世界源於資訊，是資訊的表達；物理世界中的物質都有非物質的根源和解釋。「換句話說，任何東西——每個粒子、每個力場甚至時空連續體本身，其功能、其意義、其存在，全都是從測量裝置對「是／否」問題、二元選擇、比特所給出的答案中產生出來的——即使在某些情況下是間接產生的。」

後來的量子物理學家們對這想法進行了深化，認為「萬物源於量子比特」：空間是量子比特的「海洋」，基本粒子是量子比特的「波動渦旋」，基本粒子的性質和規律起源於「量子比特海」中量子比特的組織結構（即量子比特的序）。

第五章

「我」的邊緣

　　主體和客體是同一個世界。它們的屏障並沒有因物理學近來的實驗發現而坍塌，因為這個屏障實際上根本不存在。

——薛丁格

　　世界這座「迷宮」比我們出發時所以為的要複雜得多，時間和空間可能都是幻象。從古至今，從東方到西方，無數智者哲人用各種詞彙反反覆覆描述了兩個世界：一個是虛無縹緲的可能性，卻是永恆的；另一個是龐大確定的實體，卻是個影像。

　　為世界的邊緣，我們找來找去，卻突然站在一個近得不能再近、卻又神秘得無法描述的東西面前：「我」的意識。我們把它比喻成「鏡面」，但它真的存在嗎？它究竟是什麼？

　　讓我們勇敢前行，直面這個世界的終極秘密。

前世今生

　　一個妙齡女郎躺在皮沙發上。她長得很迷人，中等長度的金髮，淡褐色的眼睛，身材很棒，怪不得能在業餘兼做泳裝模特兒賺外快。她的神情很怪異，眼睛半睜半閉，眼球向上翻；聲音更是古怪，因為那並非女人的聲音，而是個 20 出頭的男子的聲音。

　　「我們可能迷路了，天很黑，沒有光……」她壓低了聲音，像是在說悄悄話，渾身瑟瑟發抖，「我們的人在殺對方的人，但我沒有。

我不想殺人。」她聲音裡充滿了驚恐，右手握成一個空心拳頭，彷彿握著一把刀。

突然，她呼吸急促，胸部向上繃直，掙扎著，彷彿被一隻無形的胳膊從後面勒住了脖子。她的喉嚨咯咯作響，像是被刀劃破了，臉痛苦地扭曲著。半晌，她的表情鬆弛了。「我死了，浮在空中，在身體之上，能看到下面的場景……我漂浮到雲端，這是哪兒啊？」

這個女人叫凱薩琳，是一家醫院的化驗員。她因為焦慮症，正在接受心理醫生魏斯（Brian L. Weiss）的催眠治療。

魏斯半張著嘴，圓睜著眼睛，快速地記錄著，不放過每一個字。

催眠是一種催眠師用語言就能讓被催眠者體驗不同「現實」的神奇現象。催眠方法有多種，其中之一叫做「年齡倒退」（age regression）。催眠師會用虛幻而輕柔的聲音這樣說：「放鬆……注意看擺動的懷錶……你感到很輕很輕，很輕很輕……我會從5數到1，當我彈下手指，你會回到六個月大的時候……」被催眠的成年人竟然會顯出嬰兒的體態和表情，當催眠師說「你很餓！」她就吮著手指哇哇地大哭起來。

魏斯原本只想用「年齡倒退」讓凱薩琳回到童年，以發現和消除她兒時的心靈陰影，一不小心，竟然把她催眠到了出生之前（即所謂輪迴中的「前世」）。在她剛才「經歷」的這一世中，凱薩琳自稱是個男性士兵，在一次偷襲中被敵兵殺死了。

魏斯本是最不該相信前世和輪迴之類「奇談怪論」的那類人，因為他受過最正統的科學和醫學訓練。他畢業於哥倫比亞大學，耶魯大學醫學博士，曾任耶魯大學精神科主治醫師、邁阿密大學精神藥物研

究部主任、西奈山醫學中心精神科主任，並在邁阿密行醫。他專攻精神醫學及藥物濫用，曾發表 37 篇科學論文與專文。

初次聽到凱薩琳在催眠狀態中描述「前世」時，魏斯既驚訝又疑惑，本能地不相信，卻無法做出科學的解釋。於是，他記錄下治療的全過程，4 年後整理成《前世今生》（*Many Lives, Many Masters*）一書。30 多年來，該書一直暢銷。

從嚴格的科學角度來說，這本書並不能證明輪迴的存在，因為魏斯可能撒謊，凱薩琳可能撒謊，即使都沒有，她所描述的還是可能並非「真實」的前世，而是幻覺或夢境。

但無論輪迴存不存在，催眠現象至少說明，有可能用語言改變人對環境的感知；在語言誘導下，人甚至能感受根本不存在的物理環境。

這很蹊蹺，感知怎麼能在語言的誘導下亂變？感知可信嗎？不管你承不承認，都無法「跳出」自己的感知——你唯一知道的就是感知的環境，無法確實知道什麼是感知之外「真正的」環境。

生下來就被關在黑屋子裡的人

當今流行的科學認為，意識是大腦中約 1400 億個神經細胞間神經電活動的總和。大腦處在完全封閉的顱腔中，裡面漆黑一團，腦細胞根據從外界傳進來的神經電訊號，「構建」出一個有聲有色的三維世界。這就像一個人一生下來就被關在一間黑屋子裡，從屋外傳來「滴滴嘟嘟」的電報聲，他通過這些聲音的高低、順序推測屋外的畫面，但他從未直接「看到」過屋外的情況。屋外確實可能全是概率波，他卻幻想出了粒子態的圖像。

常人以為外界傳來的資訊是準確可靠的，意識「讀取」這些資訊時是客觀無誤的。但事實並非如此，下面是個簡單的例子：

你能看見左圖正中黑色的倒三角形嗎？絕大多數人都能看見，但它並不存在，而是大腦在沒有外來信號的情況下，根據「應該」的情況，擅自「生成」的。

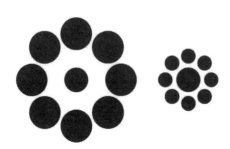

左圖是另一個例子。左右各有一個被八個圓圈圍在中心的圓圈，它們哪個大？

誠實的讀者會說右邊的大，但聰明（而不太誠實）的讀者會因為上下文而回答「左邊大」或「一樣大」。它們的確一樣大（不信的讀者可以拿直尺在書上比對），但問題是，即使你已經知道這一點，視覺的感受卻仍是右邊大（請給自己一個誠實的回答）。

這兩個簡單的例子說明，人的感受並非物理世界的準確反映。你也許以為這樣的「誤差」情有可原、無傷大雅，腦海就像一台電視，即使螢幕有點偏色，還是會把外界傳進來的環境資訊近似地顯示出來。但催眠卻說明，人的感受可以和外界傳來的資訊一點關係都沒有。你甚至不需要被催眠也能有和物理世界毫無關聯的體驗，那就是做夢。在夢中，你以為環境是真實的，其實是大腦「合成」的。

世界是「假的」（虛擬的，夢境）嗎？歷朝歷代，不同國度和文化的人們都問過類似的問題。印度教認為，宇宙不過是毗濕奴的一個夢，我們生活在這夢裡，只要祂醒來，世界就會消失。佛教也認為「凡有所相，皆是虛妄」。到了現代，人類的猜疑有了新的版本，電影《駭客任務》（Matrix）塑造了一個機器創造的虛擬世界 matrix，人在裡面生活，和一般的現實並無二致。

和古人一樣，我們墜入了虛幻的迷霧，彷彿什麼都不可靠，都可以是假的。世上究竟有沒有什麼是真實可靠地存在著呢？早在三百多年前，就有一個傭兵喜歡在被窩裡思考這個問題，他只有三個字的回答（Cogito，ergo sum！）影響了整個西方哲學的進程。

在被窩裡思考的傭兵

快到中午了，冬日的陽光從窗簾的縫隙中射進來，外面傳來孩子們在雪地上玩耍的聲音。被窩軟綿綿的，很暖和，23 歲的士兵躺在裡面，把雙手枕在腦後，盯著天花板，發呆。近來沒有戰事，對軍人來說，是個自然而然的假期。許多人投身戰爭是因為愛國，這位法國出生的小夥子卻一天都沒為祖國征戰過。作為一名傭兵，他先後為荷蘭人、德國人和匈牙利人打仗。

許多士兵出生貧苦，身體強壯，他兩者都不是。他出生貴族，從小體弱多病，八歲時在歐洲著名的貴族學校——位於拉弗萊什（La Flèche）的耶穌會皇家大亨利學院學習。校方為照顧他孱弱的身體，特許他早晨不必上課，可以在床上讀書，他因此養成了賴床的習慣。床上既舒適又安靜，是思考的好地方，所以他的腦子在床上轉得特別

快。

他對學校所學的內容很失望，認為多是些模稜兩可、自相矛盾的糟粕，他懷疑其中許多是錯誤的，唯一給他安慰的是數學。20 歲時，他像哈勃那樣遵從父親的願望，進入普瓦捷大學學習法律與醫學。畢業後，他不知選什麼職業好，想遊歷歐洲各地，尋求「世界這本大書」中的智慧。他認為當傭兵是免費周遊世界的最好方法，於是 22 歲在荷蘭入伍。

他微閉上眼睛，但從眼皮下來回快速遊走的眼珠可以看出，他正在激烈地思考。他剛做了三個夢，它們是如此逼真，醒之前還以為是現實。他腦子裡盤旋著一個問題：如何肯定周圍的世界不是一個逼真的夢？抑或是一個惡魔使了光與影的幻術讓自己信以為真？

他開始一項項審視周圍的東西：天花板可以是幻術，被窩可以是幻術，甚至連自己的身體都可以是幻術……世上有什麼東西不可能是幻術，不管有沒有惡魔，都一定存在？他想得頭都痛起來，眼睛半睜半合，似乎要昏昏睡去。突然，有個想法像閃電般照亮了他的腦海：

笛卡兒

我可以懷疑一切，但無法否認「我在懷疑」這個事實。既然如此，「我」一定得存在！否則是誰在懷疑呢？我思，故我在！在拉丁語中，這句話就是：「Cogito, ergo sum!」

這位傭兵就是笛卡兒（René Descartes，1596—1650）。他靠從軍來周遊世界聽上去有點奇葩，但不失

為明智之舉。他也就幹了三年，而且沒受什麼傷（也許甚至沒遇上什麼實質性的危險），卻大開了眼界，實現了人生的昇華。其間他如饑似渴地「收集各種知識」，「隨處對遇見的種種事物注意思考」。

1618 年，剛入伍的笛卡兒隨軍駐紮在荷蘭南部城市佈雷達（Breda）。在一個廣場上，他看到一則告示在徵集一個數學問題的答案，可惜用的是荷蘭語，他看不懂，於是請求身旁的人翻譯成法語。

這位陌生人叫以撒·貝克曼（Isaac Beeckman，1588—1637），比他大八歲，在數學和物理學方面造詣頗高，很快成了他的導師。貝克曼點燃了笛卡兒對科學的濃厚興趣，他提出的一些問題導致笛卡兒寫出了《音樂綱要》（*The Compendium Musicae*），笛卡兒因此稱他為「將我從冷漠中喚醒的人」（可惜日後兩人因貝克曼是否在笛卡兒的一些數學發現中做出了貢獻而發生了爭執，至死關係都很差）。

對教條和權威的懷疑以及對世界的好奇，讓笛卡兒達到了前人未能達到的高度。他將幾何和代數相結合，創造了解析幾何，被譽為「近代科學的始祖」；他的哲學思想自成體系，開拓了「歐陸理性主義」哲學，被黑格爾譽為「近代哲學之父」。

他沒在戰爭中喪生，卻死於早起。53 歲時，他成了瑞典女王克莉絲蒂娜的哲學老師。北歐天氣寒冷，女王習慣在清晨五點聽課，笛卡兒被迫早起，如此兩個月後，感染肺炎，10 天後與世長辭。

忒修斯之船

笛卡兒證明了「我」的存在，但卻回答不了「我」是什麼。他是

典型的「二元論」者，認為物質和精神是兩種不同的實體，物質的本質在於廣延（佔有空間），精神的本質在於思想；物質不能思想，精神沒有廣延。二者彼此獨立，不能由一個決定或派生另一個。用白話翻譯就是：人是臭皮囊中裝著個靈魂，肉體和靈魂是兩回事。

很多人不同意這觀點，在他們看來，「我」就是「我的身體」，除了一堆細胞以外，並沒有另一個「我」──只有皮囊，沒有靈魂。

從純生物學角度看，你是你的身體嗎？答案是否定的。你大約30%的重量根本不是你，而是細菌、病毒、寄生蟲等寄生生物，它們的數量是你細胞數量的大約10倍。假如「刨去」這些寄生生物，你總該等於你的身體了吧？答案仍然是否定的，因為無法徹底分清什麼是你本身，什麼是外來的生物。

例如，我們不知道占你基因組三分之一以上的「轉位子」（transposon）應不應該算你的一部分。每個人細胞都有一個DNA組成的基因組，它像一本記載著遺傳密碼的書，有30多億個「字符」那麼長。但整本書用於編碼你身體元件的部分僅占約2.5%，書中有數百萬個不知所云的「自然段」，是些叫做「轉位子」的奇特序列。它們顯然不是「原書」的一部分，而是外來的「寄生序列」。它們的行為很像病毒，能自我複製，還能從書的一處「跳到」另一處。它們的數量比用於編碼你的部分多出10餘倍，處在每個細胞的最核心（DNA）中，要把它們「刨去」是不可能的。

你體內還有另一種「潛伏」得很深的外來生物，叫做粒線體，是細胞中不可或缺的能量來源。細胞像一個微型的「小泡泡」，粒線體如一粒粒微塵漂浮在裡面。它們有著極其複雜的結構，像一台台精密

的超微型發電機，甚至攜帶著獨立的基因組。粒線體是在進化過程中被細胞吞噬的細菌，它們「寄居」在你的細胞中，已成為你身體不可分割的一部分。

也許我們可以不管 DNA 或粒線體之類的結構，把你籠統地定義成你身上原子的總和？還是行不通，因為你並不是一個由某些固定的原子組成的「東西」。人體就像一條奔騰的瀑布，在快速而恆久地吐故納新，沒有一刻是固定的。它新陳代謝的速度是驚人的：72% 是水，平均每 16 天就要全部換成「新」的。

平均下來，消化道的表面細胞每 5 分鐘，胃腸的內壁每 4 天，牙齦每 2 周，皮膚每 4 周，肝臟每 6 周，血管內壁和心臟每 6 個月就要更換一次。大約一年內，你身體中的絕大多數原子都會被替換，歷史上成千上萬的人曾擁有過你現在體內的原子，所以你是無法用具體、固定的原子來定義的。

這讓人想到一個叫做忒修斯之船（Ship of Theseus）的古老哲學問題：一艘木船被不斷維修，如果一塊木板腐爛了，就會被一塊新的替換。若干年後，船上所有的木板都不是最開始的那些了，這條船是否還是原來那艘？合理的回答是「在人們心中」還是原來那艘。

「心中的船」並非某些具體的木板，而是人們腦海中的一個概念。此處「人們」這些觀察者很重要，假如沒有觀察者，「船」這個概念就不存在，「船」就只是些木板。

你的身體和忒修斯之船一樣，雖然在快速地「更換部件」，你在人們（包括你自己）心中仍然是同一個人。假如世上只剩你一個人，在你心裡，「我」這個概念並不隨新陳代謝而改變。此時你的意識

是你的身體的觀察者，這意味著，你的意識必須有別於你的身體而存在。

閃爍的燈泡

許多人同意人不等於他的身體，但認為意識只是腦神經電現象的「總和」，並不存在獨立於大腦之外的「意識」這個東西。在他們看來，大腦中的神經細胞就像一個平板上的許多燈泡在閃爍，如果這些閃爍複雜到一定程度，就會形成某種「圖案」，這就是意識。「燈泡」有電就亮，沒電就不亮，完全被動地遵循規律而閃爍——「圖案」只是個副產物，「我」只是個幻覺，自主意志不存在。

這就像說，數學是紙上所寫的數字的總和，並不存在獨立於紙的數學。但我們知道，數學和紙完全是兩個不同「層面」或「維度」的東西，無法相提並論。

這思想源於意識產生於大腦這個常識——大腦損壞了，意識也就沒法進行了。但這「常識」從來沒被證實過，而且有時大腦損壞了，意識似乎還可以照常進行。

英國神經學家洛伯（John Lorber）發現的「無腦人」就是個例子。這是個患有嚴重腦積水的年輕人，他顱腔的 95% 都被腦脊液所充滿，腦組織大部分缺失，僅剩的一點僅重約 100 克，是正常人的約 1/15。這樣一個人，別說意識了，就連活著都夠嗆吧？但他很健康，智力健全，有大學數學學位，而且 IQ 高達 126。

有人會說，「無腦人」並非完全無腦啊，也許他剩下的那 1/15 的大腦效率特別高，完成了一般大腦的功能？這不是不可能，那就讓

我們換個角度進行分析。如果意識僅僅是神經電現象的「副產物」，它理應是機械的、被動的，而不應該反過來對大腦的功能和結構產生影響，這就像燈泡完全遵循物理法則亮和滅，閃爍的圖案對燈泡本身不應該有影響，但卻有證據表明恰恰相反。

例如，冥想能導致大腦功能的永久性變化。有人用功能性磁振造影（fMRI）對冥想者進行了 21 個神經影像學研究，發現冥想改變了 8 個腦區。冥想者大腦中灰質區域和白質中神經通路的密度增加，左腦半球比右腦半球發生了更多的結構性變化。和常人相比，禪宗冥想者的腦幹灰質隨衰老減少的速度較慢。長期冥想者能耐受更高的疼痛，因為冥想能改變負責感覺軀體的大腦皮層的功能和結構，並且更強地阻斷與感覺疼痛相關不同腦區間的聯繫。

另一個意念能改變大腦的結構和功能的例子是所謂的「安慰劑效應」，用大白話說就是假藥也能治病。「安慰劑」是在研發新藥的臨床試驗中為了測量心理作用而給病人吃的「假藥」，它們看上去和真藥沒有差別，但成分是毫無藥效的代用品。詭異的是，有些吃安慰劑的受試者以為吃的是真藥，病竟然好了。

研究表明，以為在吃真藥的意念可以改善患者大腦的功能。科學家給憂鬱症患者服用了安慰劑，但告訴他們是抗憂鬱的藥，結果發現他們大腦的某些區域的活動分佈發生了永久性變化。和吃真藥一樣，這些患者大腦中一些神經功能得到了改善。另一個實驗發現，在帕金森氏症患者中，吃安慰劑的患者的身體和大腦發生了顯著改變。安慰劑效應導致了內啡肽樣物質的釋放，對一些腦中樞神經有良好的影響，使前額葉皮層的活動增加。腦的某些部位釋放出更多的多巴胺，

從而顯著地降低了肌肉僵硬。

意念不僅可以改變大腦，也可以改變身體，「心理暗示」就是個例子。在二戰期間，納粹在一個戰俘身上做了一個殘酷的實驗：他們將他四肢捆綁，蒙上雙眼，並搬動器械，說將抽他的血。戰俘聽得到血滴進器皿的嗒嗒聲，但什麼也看不見。第二天，他們發現戰俘已經氣絕身亡了。其實，納粹並沒有抽他的血，嗒嗒聲是模擬的自來水聲。

有一類叫做「心理燙傷實驗」的催眠實驗也產生了難以置信的結果。一位叫索爾森（Thorsen）的研究者用一支鋼筆觸到被催眠者的手臂，但告訴他這是一把燒熱的刺刀，很快，一個水泡（就像二度燒傷所產生的）在筆尖接觸的區域出現了。

在另一個實驗中，索爾森告訴被催眠者字母「A」正被用力壓在她的手臂上，該處竟然真的出現了「A」形狀的紅色。

這些現象雖然說明意識並非神經電現象簡單的「總和」或「副產物」，卻都沒直接證明意識可以脫離大腦而獨立存在。人類確實遇到過一些「直接證據」，說明大腦完全喪失了功能的時候意識仍然存在，這些證據來自醫院的急救室。

自費研究死亡的醫生

讓我們回到書的開頭，前言中那家荷蘭醫院。

拉曼爾救活那位病人後，並沒往深裡想，他照常規完成了實習，成了一名心臟病專科醫師。17 年後，他讀到喬治‧里奇（George Ritchie）寫的書《從明天返回》（*Return from Tomorrow*），才又記起那天晚上發生的離奇事件。

作者里奇在醫學院當學生時患了肺炎，當時抗生素尚未廣泛使用，長時間的高燒後，他停止了呼吸，沒有了脈搏，一名醫生宣佈了他的死亡。但有一名男護士不知為何感到心裡極不舒服，他說服醫生在里奇的心臟附近注射了一針腎上腺素（這在當時是很不尋常的治療方法），里奇竟然奇蹟般地復活了！

更匪夷所思的是，他在「死」的大約 9 分鐘裡有很清晰的意識，能回憶出許多細節，這種奇異現象被稱為瀕死經驗（Near Death Experience，簡稱 NDE）。

這本書喚起了拉曼爾的好奇，難道 NDE 真的存在？他開始關注此事，並驚奇地發現，在他所遇到的 50 多名心臟驟停後「死而複生」的病人中，12 個有 NDE。但根據正統的醫學知識，當一個人的心臟停止跳動、大腦機能喪失時，不可能體驗到意識。

他想用嚴謹的科學方法把這現象弄個水落石出，但沒人願意資助他，因為這既不是「正宗」的科學，又沒有什麼實際的用途。於是他自己掏錢，一研究就是十年。

他和同事們對 1988—1992 年間在十家荷蘭醫院中被成功搶救的 334 位突發性心肌梗塞患者進行了長達八年的追蹤研究，發現其中 62 人有瀕死經驗。這研究結果因其開創性和嚴謹性，被發表在國際權威學術期刊《刺胳針》（The Lancet）上。今天，NDE 已經成為一個活躍的科學研究領域。

不同人的瀕死經驗不盡相同。經常出現的一些經歷是意識到到自己已經死去，感到一種完美的愉悅，「我」離體，穿過黑暗的隧道，看到奇異的色彩和景象，與去世的親友重逢，洞悉生死界限等。

意識脫離肉體

　　NDE 似乎說明意識可以不依賴於正常工作的大腦而存在，但這結論遭到了正統學術界的質疑。一些人認為 NDE 是當事人在撒謊。這種可能性極低，因為承認有 NDE 的人不僅一般得不到什麼好處，而且常受到嘲笑，有人甚至因此隱瞞 NDE。NDE 分佈廣泛，絕大多數文化中都有關於它的記載或傳說，如此大規模而又一致的「欺騙」很難發生。根據來自 4 個國家的 9 項前瞻性研究，17% 的病危者和 10%—20% 接近過死亡的人有過 NDE。

　　也有人認為 NDE 是「虛假記憶」——當事人記錯了，或其實是個夢。這也不太可能，我們都做過夢，但醒來後沒有什麼人會把夢當真，因為夢境支離破碎，但 NDE 完整而逼真。何況 NDE 時人體機能和大腦活動已經完全測量不到，說這時候做夢未免有些牽強。NDE 和普通的真實記憶並無區別，而且不隨時間消退，時隔一二十年仍刻骨銘心。

　　還有人認為 NDE 是某種幻覺。一種說法認為，當人體判斷自己難以生還時，就啟動一種「安樂死」本能，不再有疼痛感，大腦釋放一種類似於海洛因的化學物質讓人安然死去。這說法似乎和進化論相矛盾。進化論認為人體機能是因為生存和繁衍的壓力而進化出來的，但「安樂死」對生存和繁衍沒什麼好處，反而可能導致人喪失逃生能力，從而更容易死亡。

　　另一種說法認為，NDE 時大腦因為缺氧而產生了幻覺。這也站不住腳，因為有些 NDE 發生在大腦並不缺氧的時候，而且 NDE 涉及到大腦特異而複雜的改變，缺氧這樣「普遍損傷」的機制難以導致。

多數經歷過 NDE 的患者性格會發生積極的改變，大都對常人小事更加感恩，對生命的意義有了新的洞察，不再過分計較物質利益，也不再懼怕死亡。

有些證據說明 NDE 並非虛假記憶或幻覺。許多 NDE 患者有「靈魂出竅」（Out of Body Experience，也被稱為 OBE），可以飄在空中看到自己被搶救的過程，而且事後能準確複述在自己「死亡」期間周圍所發生的事情。在兩個研究中，有靈魂出竅的人能夠準確地描述他們的急救程序和其間發生的事件，而沒有靈魂出竅的人卻「描述了不正確的設備和程序」。有人對 31 位盲人（包括一些生下來就看不見的人）的 NDE 或 OBE 進行了研究，發現他們當時竟然能看到東西，而且有個別盲人所看到的東西事後被證實。

我們來到了「真實」和「虛幻」的邊緣。有 NDE 的人篤信自己的經歷是真實的，他們其後一輩子的行為都因此發生了改變；但沒有經歷過 NDE 的某些人認為 NDE 只是錯覺和幻覺，並非「真正的」現實。究竟誰有權力仲裁什麼是「真正的」現實呢？經歷過該現實的當事人，還是沒有經歷過的旁觀者？

不管你如何回答，這些現象至少說明，意識並非神經電現象的簡單加和。意識也許離不開物質，就像電流離不開導線，但電流不等於導線。我們今天尚無法說出意識是什麼，但可以說出它不是什麼：意識不是物質，它是有別於物質的存在。

我世界

如果把意識比作鏡面，眼前的大千世界就是鏡中的影像。「我」

和「我」所經歷的世界像鏡子和影像一樣，是一體的，無法分開，我把這個融合體稱為「我世界」（又寫為「我‧世界」）。

薛丁格也發現「我」的意識和「我」所感知的世界是一體的。他在《我的世界觀》（*My View of the World Ox Bow Press*）一書中主張思維和存在、心和物是同一的，認為感覺——知覺是構成外部世界的真正材料：「意識用自身的材料建造了自然哲學家的客觀外部世界。」「每個人的世界是並且總是他自己意識的產物。」「正是同樣的元素組成了我的意識和我的世界。」據說，他的這個思想不是自己發明的，而是來自古印度哲學。

在婆羅門教和印度教中，「幻」與「我」（也稱「阿特曼」）同源同宗，無法割裂。「幻」是「我」所體驗的「幻」，它們都來源於「梵」，終歸於「梵」，因此是同一的。古印度哲學家們不僅認為「梵幻不二」，也相信「梵我一如」，即作為外在的、宇宙終極原因的「梵」和作為內在的、人的本質的「我」在本性上是同一的。客觀世界的本源和主觀世界的基礎都是「梵」；個人的「小我」和永恆的「大我」是一回事。

佛教也宣導類似的思想。在佛教中，主體被稱為「能」，客體被稱為「所」，它們分別又和別的字組合在一起，形成一對一對的概念，如：「能緣」指認識主體及其能動作用，「所緣」指認識物件；「能取」是內識，「所取」是外境；「能知」是認識主體，「所知」為認識物件。佛教認為「能」、「所」相對，「所」不能離開「能」，而且「能所不二」（主體和客體是同一的）。

佛教有時也將「我」的意識稱為「心」，將「我」所經歷的世界

稱為「外境」，心和外境是同時生起、互相對待產生，而且是一一對應的，既沒有離開心的外境，也沒有離開外境的心，即所謂「見物便見心，無物心不現」。我們所經歷的世界和我們的心有關，所有認識都離不開心，正如《密嚴經》中說：「一切唯心現。」

　　道家的思想也相似，但用了不同的名詞：「物」和「我」，道家主張「齊物我」。因為天、地與我都是「道」的化身，都來源於「道」，所以從「道」的高度來看，天、地、人是同等共存的，萬物與我在本質上沒有區別，所以我如萬物，萬物如我，「天地與我並生，而萬物與我為一」。天是自然，人是自然的一部分，「我」與自然的相容，自然與「我」和諧。莊子也指出「我」與世界是相互依存的：「非彼無我，非我無所取。」（沒有我的對應面就沒有我本身，沒有我本身就沒法呈現我的對應面。）

　　古希臘哲學家巴門尼德的思想也殊途同歸。他的哲學被稱為「存在論」，認為「存在」（他有時把「存在」叫做「一」）是永恆、唯一、不動的，沒有「存在」之外的思想，因此思想與「存在」是同一的，他說：「能被思維者和能存在者是同一的。」

「我」和「我的世界」是辯證統一的

思想派別	我	世界	關係
薛丁格	主體	客體	主體客體是同一世界
量子物理	觀察者	世界大實驗	一一對應，相互依存
佛教	能、心	所、處境	能所不二，心與外境互相對待產生
道家	我	物	齊物我
婆羅門教和印度教	我、阿特曼	幻	梵幻不二、梵我一如
巴門尼德	思維	存在、一	思維和存在是同一的
光子	我的意識	我體驗的世界	我世界的辯證統一

從古印度的智者，到古希臘的哲人；從古代中國的聖賢，到現代科學的天才，他們用各種方式訴說著同一個發現：「我」與「我」所經歷的世界是一個整體（「我世界」），它們是一對陰陽，因此是一一對應、互補互依的。正如史丹佛大學物理學家林德（Andrei Linde）所說：「宇宙和觀察者是成對的。」

每個「我」都經歷著一個獨一無二的世界；「我」和這個世界同時發生，同時消滅。沒有「我」的觀察，世界只是一堆可能性；在「我」出生以前和去世以後，「我」所經歷的粒子態世界並不存在。從這個意義上來說，「我」所經歷的世界是因我而生，因我而在的。

那麼，世界的邊緣究竟在哪裡？

既然有「梵」和「幻」兩個世界，我們在尋找哪一個的邊緣啊？能用公里和光年丈量的顯然是「幻」，但如果它僅僅是「意識鏡面」中的幻象，其邊緣又有什麼意義？另一個世界「梵」只是「數字的煙」，其中空間、距離毫無意義，但它確實有個邊緣，那就是和「意識鏡面」交界的地方，也就是「小我」和「大我」（「梵」）的交匯處。

我們終於找到了答案。但比這答案更重要的，是我們在求索中對「我」和世界有了全新的認識。在這段旅程上，我們學到了怎樣的智慧，這些智慧又有什麼實際的用途呢？

第六章

生命的邊緣

知我說法，如筏喻者，法尚應舍，何況非法。[1]

——《金剛經》

從夸父到拉曼爾，人類對世界的探索從物質延展到了心靈。我們忽然發現，「迷宮」的邊緣不在空間裡，不在一個遠得看不見的地方，而在「我」身邊——在「我」的意識和世界的交界處。人們並非共用著同一座「迷宮」，而是在各自的「迷宮」裡探尋；「我」也並非世界的過客，而是它存在的原因——「我」和「我」所經歷的世界是陰陽互補的一對。

在這樣一個嶄新的世界裡，「我」應該怎樣活著？

在生活中漂蕩的浮木

我捧著 Max 的簡歷，激動地等著面試他。

那年我 36 歲，在舊金山一家專注於生物醫療產業的投資公司任大中華區總經理，要招聘一名經理。Max 被一個朋友介紹，前來應聘。我之所以激動，是因為從未見過如此完美的教育背景：法學博士、醫學博士和 MBA 一應俱全，而且都是從霍普金斯、加州柏克萊大學等

---

1 意思是：我所說的佛法就像一條船，其作用不過是渡你到彼岸，到了彼岸你要將它捨棄。連我的佛法尚要捨棄，更何況那些不是佛法的東西呢？

知名學府獲得的。能找到他這樣的候選人，我感到特別幸運。

他來得很準時。厚厚的眼鏡片，領帶上有顯然洗了幾次都沒能洗掉的污漬，西裝有折痕，像是剛從箱子底拿出來的，肩上斜挎著個書包。我熱烈地迎上去握他的手，他軟綿綿地握了一下，低下頭，從包裡拿出一盒巧克力送給我。面試的人給我帶伴手禮，還是平生頭一次。

當我問他為什麼讀了那麼多書，他說是因為親戚朋友的建議。本科畢業時，他不知該做什麼，向朋友諮詢，有人說做醫生受人尊重，收入也高，他就花了四年去讀醫學院，畢業後實習時才意識到自己不喜歡和病人打交道。他父母建議他再拿個法律學位，因為當律師穩定、體面，賺錢也多，於是他又花了三年去讀法學博士。畢業後，他在一個律師事務所工作，覺得處理法律文件枯燥難耐，這時又有親戚勸他去讀商學院，比做律師有意思，結果他又花了兩年讀 MBA。他四十歲了，但剛畢業，沒有什麼實際工作經驗。從他面試送伴手禮的行為看，也缺乏社會生活經驗。

「你為什麼對我們公司感興趣呢？」

他一臉茫然，「聽朋友說你們在招人，我就投了簡歷。」他看著我，那眼神像一個小學生在問老師自己的答案對不對，「有人勸我再讀一個生物學博士，以便勝任這方面的工作，您覺得這主意怎麼樣？」

我哭笑不得——他如果再去讀個生物博士，畢業時豈不快 50 了？他顯然是個勤奮而聰明的人——不勤奮不可能苦讀這麼多書，不聰明不可能進入世界一流的學府，但他不知路向何方，就像一節浮

木，在生活的海洋中無力地漂著，依賴周圍的人像水流一樣把他推向任何方向。

為什麼一個智力如此超凡的人在精神上會如此「癱瘓」？

因為他不知道要到哪兒去，甚至沒意識到自己有責任給出這個問題的答案。即使是游泳好手，如果沒有目標，不知岸在哪兒，還是會在生活的海洋中漂流、掙紮，甚至沉溺。

可笑的是，許多人以為名校的學位能給他們帶來成功和幸福，他們的人生夢想無非就是變成一個像 Max 一樣的人。但學位只是個工具，不能告訴一個人他要到哪裡去，Max 懷抱著一大堆金燦燦的學位，仍然活得迷茫潦倒。

不知要去哪兒，不是 Max 一個人的問題，而是大多數人的問題。在越來越多人的臉上，我看到了 Max 的表情，這是一種心不在焉的迷茫，眼睛裡沒有好奇的光，聲音裡聽不到任何激烈的情感，心靈的火焰彷彿只剩下餘燼。許多人像 Max 一樣，在漫無目的地「漂著」，他們沒有什麼追求，不覺得有什麼特別激動人心的事，對所做的工作也談不上喜不喜歡。他們在既定的軌道上忙著，用工作等「應該幹的事情」填滿醒著的時間，生活成了一個漫長的「過場」。

世界像一列火車，從他們身邊轟隆隆地開過。透過車窗，他們看到有人在精彩地生活，感到既羨慕又無奈，因為他們彷彿和這列車無緣。醒來、睡覺，睡覺、醒來，日子越來越快地重複著，在柴米油鹽中被打發得乾乾淨淨。他們偶爾問自己，難道一輩子就這樣了？但年紀越大，問得就越少。

人類面臨著一個前所未有，甚至不知道該不該算問題的問題：心

靈空虛。直到 100 年前，溫飽還是人類的頭號挑戰，但隨著科技的突飛猛進，大多數人的溫飽已經解決，人類突然發現，心靈空虛，不知要到哪兒去，活著沒有意義，是個更大的問題。

這問題所導致的精神疾病已悄然成為人類的一大殺手。中國有近一億憂鬱症患者，是全球憂鬱症人數最多的國家。自殺已經成為 15 到 34 歲中國人的首要死因，其中憂鬱症患者占 60%—70%。每年，大約有 100 萬中國人會因憂鬱症自殺，這數目是車禍死亡數的約 15 倍。

更優越的生活、更發達的科技也許能解決這問題？不能！

美國是全世界最富有的國家之一，在那裡，科學越發達，生活越優越，憂鬱症患者就越多。據統計，2005 到 2015 年間美國的憂鬱症患者人數顯著增加；12 歲以上的美國人中，每 9 個就有一個在服抗憂鬱藥；每年，每 15 個美國成年人中就會有一個患重度憂鬱（major depression）。僅 2017 年，全美國約 130 萬人次試圖自殺，平均每天就有 129 人自殺身亡。

心靈空虛，不知向哪兒去，活著沒有意義，這些問題的「病根」不在物質裡，而在精神上──這「病根」就是已經被現代科學證明是錯誤的傳統世界觀。你在開始讀這本書之前，八成也擁有這個世界觀，它和 500 年前牛頓的世界觀沒有本質區別（除了牛頓有上帝可以依靠，而你可能沒有）：所有人都住在一個永恆不變的「大盒子」（宇宙）裡；人是一大堆細胞，只是像滴露珠那樣存在一小段時間，所謂「我」的意識只是神經電現象的副產物，自主意志只是幻覺。

這世界觀強調：在龐大而永恆的宇宙面前，你渺小得不值一提，

隕落的巨星

憂鬱症患者一般都是在自己的孤獨世界裡與疾病抗爭，所以許多人沒意識到今天憂鬱症問題有多嚴重。

2018年12月，張首晟，一位傑出的華人科學家，因爲憂鬱症自殺了，享年僅55歲。他是史丹佛大學物理系講席教授，曾獲歐洲物理獎、富蘭克林物理獎等一系列國際大獎。他發現的「量子自旋霍爾效應」被《科學》雜誌評爲2007年「全球十大重要科學突破」之一。

張首晟最偉大的成就之一，是爲馬約拉納費米子（Majorana fermion，張首晟稱之爲「天使粒子」）的存在找到了有力證據。前文提到，狄拉克根據數學演算發現了反粒子的存在：粒子都有與其對應的反粒子，就像正數都有與其對應的負數一樣（有1就有-1，有2就有-2）。但是否存在沒有反粒子的粒子呢（就像0對應著0本身一樣）？義大利理論物理學家馬約拉納（Ettore Majorana，1906—卒年不詳）根據數學演算，於1937年預言它們存在，它們因此被命名爲馬約拉納費米子。

馬約拉納是個數學奇才，但淡泊名利，被許多人認爲「腦子有毛病」。他信手拈來就有許多驚人發現，但不屑發表，據說常把重大成果寫在餐巾紙之類的東西上隨手扔掉。他一生中眞正用於研究物理的時間只有五、六年，僅發表過9篇論文，卻對現代物理產生了深遠影響。32歲時，他在那不勒斯大學當教授，卻神秘地失蹤了。他登上了一艘開往西西里首府巴勒莫的郵輪，就從人間「蒸發」了。後人對他的去向有許多猜測，諸如流落街頭成了乞丐、移民南美、自殺或被殺之類，最離譜的說他被外星人接走了！

八十年來，科學家們一直在尋找馬約拉納費米子的蹤跡，張首晟和他的團隊爲手性馬約拉納費米子的發現提供了直接而有力的實驗證據，他們的工作對量子計算、高速資料處理等方面有著重要意義。

我近20年前在矽谷有幸認識了張首晟，當時我剛從史丹佛商學院畢業，他才三十多歲，已是史丹佛大學教授，在華人中眞是鳳毛麟角。驚聞他的噩耗，我感到萬分悲痛和惋惜。

希望人類早日征服憂鬱症，以免如此璀璨的生命，這麼早就隕落。

而且轉瞬即逝；不管你在不在，宇宙都客觀存在，而「你」所謂的心靈根本不存在！如果人只是一堆細胞，只是在一個「盒子」裡暫時存在一會兒，憂不憂鬱，自不自殺，又有什麼區別？總之，你不重要！你的一生沒有意義！

為了知道宇宙究竟有多龐大，科學家們試圖算出它所擁有的能量的總和，但得到的答案卻讓包括愛因斯坦在內的所有人大吃了一驚。

愛因斯坦的震驚

「你說什麼？！」愛因斯坦，這個連時空彎曲都不吃驚的人，聽了宇宙物理學家伽莫夫（George Gamow）的想法後驚呆了，竟在馬路正中愣住了。

一輛疾馳而來的車急轉上旁邊一條線，從他身邊呼嘯而過；另一輛來了個急剎車，車輪胎在地上摩擦出兩條長長的黑印，發出尖銳的聲響，終於在距他只有幾公分的地方停住了。

司機憤怒地連按了幾聲喇叭，一看是愛因斯坦，就沒再按下去。

「你說什麼？！」愛因斯坦絲毫沒顧及身處的危險，仍站在馬路中間。又有幾輛車緊急停了下來，才沒發生連環撞車事件。

伽莫夫趕緊把他拉到路邊，「我說宇宙的能量總和等於零。」

多年後，伽莫夫回憶起和愛因斯坦在普林斯頓散步時談及零能量宇宙理論，愛因斯坦吃驚的神情還記憶猶新。對愛因斯坦來說，「宇宙能量總和是零」真是個不可思議的想法，因為他知道，不僅世界上到處是能量（如太陽的光能、星球的動能等），而且所有的物質也可以轉換成能量——一個普通成年人身上的物質所包含的能量，就足以

給全美國提供 30 年能源，宇宙的總能量怎麼可能等於零？

但的確很可能是零。愛因斯坦沒想到的是，物質都有引力場，而引力場包含負能量，它和我們所熟知的正能量（光能、動能、物質包含的能量等）完全抵消。正如霍金（Stephen William Hawking，1942—2018）所說：「從某種意義上說，宇宙的能量是恆定的，它是一個常數，其值為零。物質的正能量與引力場的負能量完全平衡。」

從量子場論看，宇宙的能量總和也等於零。該理論認為，宇宙是量子真空中的一次量子漲落（quantum fluctuation），就像在一個平靜的湖面泛起的漣漪，波峰和波谷體積相等，方向相反，相互抵消，最終又會歸於平靜。

如此龐大浩渺的宇宙，能量的總和等於零！這讓人想起佛教禪宗六祖惠能大師著名的菩提偈：

菩提本無樹，
明鏡亦非台，
本來無一物，
何處惹塵埃。

萬物皆空，雖然在佛教中是個基本概念，在物理中卻是經過許多代人的研究才發現的。你面前的書看上去是「實」的，但如果把它拆成越來越小的部分，最終會發現它是「空」的。

書是由原子組成的，而原子是一個個「大空球」——如果把原子放大成一個 30 層樓高的球體，它幾乎全部品質都集中在中間芝麻粒

那麼大的原子核上。原子核和繞它運行的電子也並非「實」的，而是由振動不息的能量組成。如果把宇宙中所有的物質（包括全部原子核和電子）都轉換成能量，然後把所有的能量加起來，得到的結果是零。

宣揚宇宙龐大的傳統世界觀一直在欺騙你！浩瀚的宇宙不過是只空空如也的紙老虎！難怪古印度人把它叫做「幻」。人生就是「我」在體驗「幻」，就像玩電子遊戲一樣，螢幕上的天、地、萬物全是幻象，電源一關，就全都消失了。

不明白「萬物皆空」的人，會專注於追求物質。他們把一生用於收集更多的金錢、更大的房子、更豪華的車。下面這則寓言的主人翁就是這樣，當我們從旁觀者的角度就容易看到追求物質是多麼荒唐可笑。

【寓言】

真正擁有

有個人買了塊黃金整天把玩，鄰居說：「借塊黃金也可以玩，這哪是真正擁有啊？」他趕緊把黃金鎖在保險櫃裡，鄰居又說：「櫃裡放塊石頭也沒人知道，這哪是真正擁有啊？」他只好把黃金吞進肚裡，差點一命嗚呼。就這樣，他一生都沒能真正擁有這塊黃金。彌留之際，就要和黃金分手了，他終於明白了：身外之物都無法真正擁有啊！

「我」的意識無法「真正擁有」物質世界裡的任何東西，就像一面鏡子無法「真正擁有」它上面的影像一樣。在物質層面，人生是一

個「結果為零」的旅程。

讓愛因斯坦震驚的事應該讓你也震驚，如果你並不以為然，還企圖像從前那樣過下去，你還不如一隻把頭埋在沙裡的鴕鳥。翻開這本書之前你以為的「盒子世界」已不復存在，你必須用嶄新的心態活在一個嶄新的世界上。

傳統世界觀不僅主張宇宙很龐大，而且聲稱你很渺小：你只不過是一個精子遇上了一個卵子，按照預設的程序生長發育成了人，循著物理和生物化學規律所界定的軌跡生老病死；你只是碰巧來到了這個世界上，不過是個匆匆過客。

你真的那麼渺小嗎？

你是奇蹟

設想，你一覺醒來，突然發現面前多了這樣一台「超級機器」：它由 50 萬億（相當於 7000 個地球上的人口總數）台極端複雜的「微型機器」組合而成，其中每一台小得連肉眼都看不見，卻精密得連最頂尖的科學家耗盡所有智力仍無法理解。這些「微型機器」緊密協作、自我修復、吐故納新，使「超級機器」作為一個整體協調一致地存在，甚至生產出更多台「超級機器」。不用任何人論證，你立即就知道它不是碰巧出現的。你會驚嘆於它的偉大和神秘，而且會很珍視它，不會輕易拋棄。

你的身體就是這台「超級機器」，你身上有約 50 萬億個細胞，就是那些「微型機器」。難道你不奇怪嗎？即使你的身體的確是受精卵中 DNA 表達的產物，這麼精密複雜的機制又是從何而來？你為什

宇宙大爆炸：「無中生無」

守恆率是一個普遍規律，在一個與外界隔絕的系統裡，物質不會無中生有，或毫無原因地消失。我們可以把「與外界隔絕的系統」想像成一個無形的「萬能口袋」，裝在裡面的東西不管怎麼變化，因為和「口袋」外沒什麼關係，其總量不會變。

這「萬能口袋」必須足夠大，大到足以與外界隔絕，裡面的東西才能守恆。例如，物質是守恆的──一杯水放在低溫裡，總量是不會改變的。假如溫度升高，水揮發成了水蒸氣，水量會減低。但如果用個更大的「萬能口袋」──把水蒸氣也包含在測量的範圍裡，水分子的總量仍然是不變的。

如果發生了化學反應，水被分解成氫和氧，原來的「萬能口袋」又不夠大了，水分子會減少，但如果用更大的「萬能口袋」──把氫和氧也放在「口袋」裡，原子總量還是不變的。

「萬能口袋」裡不僅可以裝物質，也可以裝別的東西，比如能量。假如發生了核反應，例如在太陽裡氫核聚變成了氦，放出大量光和熱，物質的總量雖然減少了，但如果把能量也放在「口袋」裡，物質加能量的總量還是守恆的。

物質之間的互動也遵循著守恆律。例如，如果兩個彈性很強的東西（如皮球）撞在一塊兒後彈開，它們動量和動能的總和都是守恆的。如果不是彈性很強的東西，例如兩塊軟泥撞在一起，動量雖然不守恆，但總的能量還是守恆的。

推而廣之，只要「口袋」足夠大，和外界絕對隔離，口袋裡一切的總量總是守恆的。這就好比一個湖，如果和外界是隔絕的（既沒有水的流入和流出，也沒有揮發和降雨），水的總量就不變。如果來了一陣風，湖上起了波浪，水量還是不會變──浪花越高，波谷就越深，浪花和波谷的總量必然相互抵消。

如果把整個宇宙都裝進「萬能口袋」，它就像一個波濤起伏的湖，其中有很多東西存在和很多事情發生，但它的「總和」必須守恆。

> 　　按照大爆炸理論，宇宙是從什麼都沒有的狀態中「爆炸」出來的。如果把爆炸前的狀態比作一個萬分平靜的湖（其能量總和是零），爆炸後能量總和仍然必須維持為零（波峰，即正能量，和波谷，即負能量，相互抵消），這從另一個角度解釋了「零能量宇宙」——宇宙大爆炸時的「無中生有」其實是「無中生無」。

麼能意識到自己的存在（而你周圍所有的機器都沒有這個能力）？

　　人類至今無法回答這些問題，但有人想用假說蒙混過關：原始海洋裡的一堆物質經過風吹日曬、電閃雷鳴就會形成生命。這假說既無令人信服的細節，也無實驗證據，就像說把汽車零件放在一個盒子裡亂搖一通，就會出現有意識、能繁殖、會進化的變形金剛一樣——它高估了隨機的作用。科學家們試圖在實驗室裡重建原始海洋的狀態，用人工的風吹日曬、電閃雷鳴來創造生命，至今都是徒然，他們僅僅能創造出一些有機物，而非生命。

　　另外，你是否想過，世界為什麼會有規律？為什麼規律是放諸四海而皆準的？你為什麼能理解這些規律？別嘲笑這些問題傻，愛因斯坦也有同樣的疑問，他說：「世界上最以難理解的事是世界是可以理解的。」著名哲學家叔本華也說：「那些不關心自身存在的偶然性，以及這個世界存在的偶然性的人，是心智不健全的。」

　　這些現象逼著你面對一個問題：你在這個世界上醒著，也許並非偶然，而是另有機緣？愛因斯坦表達得很好：「我們的狀況就像個小孩進入一個巨大的圖書館中，裡面的藏書有許多國家的文字。孩子知道是某些人寫了那些書，但是不知道是怎麼寫的，也看不懂書上的語言。孩子模糊地懷疑書有一個神秘的排列順序，但不知道是什麼。對

我來說，就好像是一個最聰明的人類面對上帝一樣。我們看到宇宙很好地組織、排列著，並且遵循某種法則，但我們只是很模糊地理解這些法則。」

如果把科學尚無法解釋、僅靠隨機過程無法發生的現象叫做奇蹟的話，你就是個奇蹟。你並非一堆原子碰巧湊成的機器，而是一個生靈。

但你實在不覺得自己是個奇蹟，因為你周圍這樣的「奇蹟」太多——世上有70多億人，你不過是其中一員，就像沙灘上的一粒沙子，多了你不多，少了你不少。但事實是，你是獨特的、唯一的，和其他人並不等同。

以你為中心的世界

在你眼裡，世界像個巨大的舞臺，上面有幾十億演員，你只是其中一員。當你這麼想的時候，已經不經意間跑到了世界之外，彷彿坐在人生舞臺下面，觀看臺上的自己和周圍的人互動。

但事實是，你無法脫離自己，跑到舞臺外面去觀看自己和別人互動。你永遠必須站在舞臺的正中央，別的「演員」是從四面八方到你這兒來和你互動的。這是個以你為中心的舞臺，其他人只是你的舞臺上的「客人」。

「中心」或「旁觀」，只是描述的角度不同，難道有什麼區別嗎？在前文中我們已經認識到，脫離了觀察的視角和參照系，對任何事物的描述都是沒有意義的。你對世界的一切體驗，都是從你這個主體和參照物出發的。海森堡指出，經典物理試圖不提及「我」而去描述世

奧卡姆的剃刀

科學雖然是研究規律的，卻無法解釋爲什麼存在規律。

爲了解釋同一種現象，常有多種假說，但其中一個較「優美」（往往表現爲數學的簡潔、對稱、和諧），而其他的較「醜陋」（複雜、不對稱、不協調），人類的本能總是傾向於選擇「優美」的假說，這叫做奧卡姆剃刀原則（Occam's Razor）。愛因斯坦根本不去理會「醜陋」的公式，而薛丁格和狄拉克也追求數學之美。

這不合邏輯——如果世界是隨機形成的，憑什麼「優美」的假說就更正確？奇怪的是，這種對「優美」的偏愛被後來的發現反覆證明是正確的。世界有一種無法解釋的有序性，不像是胡亂搭建起來的。宇宙最核心的「設計」是美的，正如克卜勒所說：「自然喜歡簡單與和諧。」

按照大爆炸理論，宇宙是從什麼都沒有的狀態中「爆炸」出來的。如果把爆炸前的狀態比作一個萬分平靜的湖（其能量總和是零），爆炸後能量總和仍然必須維持爲零（波峰，即正能量，和波谷，即負能量，相互抵消），這從另一個角度解釋了「零能量宇宙」——宇宙大爆炸時的「無中生有」其實是「無中生無」。

界是錯誤的：「在經典物理中，科學是從以下信念（或者，我們是否應該說，幻覺？）出發的：我們可以描述世界，至少一部分世界，而不提及我們自己。」「自然科學並不簡單地描述和解釋自然，它是自然與自我相互作用的一部分。

在你所體驗的世界裡，你是不可替代的中心——你無法「跳到」另一個人的瞳孔後面去看世界；別人也只有進入你的腦海，對於你才存在。在對現實的體驗中，你只能有唯一一個視角——以你為中心向外看；也只能有唯一一個參照系——你本身。你無法站在局外，旁觀一個獨立僵化、與你無關的世界。

有一個秘密就擺在眼前，你卻視而不見：這是個以你為中心的世界，無論你在裡面如何移動，都改變不了自己中心的位置。你沒了，你的世界就沒了。你出生以前和去世以後，世界對於你就僅僅是一團「數位的煙」。

在你的世界裡，你是中心和主宰；你自身的感受，別人是無法直接控制的。誰想要讓你感到痛苦，只有你「配合」才能達到目的；如果你拒絕，他們就只能乾瞪眼，下面這則寓言用幽默的方式說明了這一點。

【寓言】

國王與瘋子

國王的車隊路過一個集市，百姓都匍匐在路邊避讓，有個瘋子卻以為國王是來拜訪他的，站在路中央手舞足蹈。他被抓進了大牢，卻以為是被邀請到皇宮做客，獄卒是他的衛兵，所以在牢裡活得很滋潤。獄卒給他吃糟糠，他以為是高纖維健康食品，吃得津津有味；逼他勞動，他以為是在敦促他鍛煉身體，結果練出一身肌肉來。國王氣壞了，找來全國最聰明的謀士商量對策。謀士說：「瘋子不是以為在皇宮裡做客嗎？把他趕出去，他就會以為是被趕出了皇宮而感到羞辱。」於是瘋子被趕出監獄，但他以為是被封了爵位，驅趕他的人是在為他送行，樂呵呵地回到大街上。國王慨嘆道：「他的心比我的王國還要強大啊！」

如果你的心靈足夠強大，就沒人能傷害你；你能通過調整自己的

心態，避免別人「侵襲」你的世界。

這道理的另一面也是有用的：你雖然不能左右別人怎麼想，卻能左右自己的生活。英文中有個諺語就體現了這一生活哲學：「The best revenge is to live well」（最好的復仇是好好地活著）。不要試圖改變別人的世界，不要讓負面情緒吞噬自己，而要專注於照顧好自己的世界。

一人一「幻」

被傳統世界觀蒙住了眼睛的人們沒有意識到，每個人都擁有自己的世界。如果在大街上做個問卷調查，是否所有人共用著同一個世界，是否存在絕對真實和終極真理，也許百分之百的人都會說是。但人類的行為卻與此恰恰相反──他們相信非常不同的真實和真理。一個思維清晰、智力優秀的基督徒能告訴你伊甸園裡的蛇都說了些什麼；而一個思維清晰、智力優秀的佛教徒能說出須彌山 $_2$ 的形狀。

有信仰的人並非人類中可以忽略的部分，因為他們占人口總數約 5/6。人類中約 1/3 信基督教，約 1/4 信伊斯蘭教，約 1/7 信印度教，約 1/14 信佛教，他們多數都詛咒發誓，自己心中的真實和真理才是唯一正確的。這些宗教又有許多支派，例如基督教包括天主教、新教、東正教和其他一些較小的教派，對於伊甸園裡的蛇都說了些什麼，他們可能有不盡相同的回答。

別以為科學可以「統一」人們的現實。信仰是人類精神的支柱，科學在它面前只算得上是錦上添花。在全球科技最發達的美國，教堂

---

2 須彌山最初出自婆羅門教，後為佛教所採用，指一座位於世界中心的山。

的數目是學校的三倍多。你是個相信科學的人（否則不可能讀這本書），很可能也認為有絕對的真實和終極的真理，但請你捫心自問：你心裡難道沒有和科學抵觸、不被所有人接受的信仰、信念或迷信嗎？

在行為上，人類從來沒有相信過同一個世界，但在嘴上和本能上，卻堅持有同一個世界，這很不可思議。英語中有句諺語：「Actions speak louder than words」（行為比話語更響亮），現在是承認我們心中並沒共用著同一個世界的時候了。

撇開宗教不談，在一些基本層面上，人類也沒共用著現實，例如人的色覺感受就各不相同。每 12 個男人或每 200 個女人中就有一個是色盲，他們看到的顏色和「正常人」大不相同。

而色盲又分多種，有各自不同的色覺感受。即使所謂「正常人」對顏色的感受也不一樣，因為影響它的諸多因素，例如眼睛、視網膜、視神經和視皮質等的狀態都是人各不同的。這種差異是極難察覺的，即使你看到紅色時的感覺和我看到藍色時一樣，因為我們都稱它「紅色」，我們還是會相互認同。

但人類本能還是覺得，剝去宗教、感覺等「外衣」，所有人共用著同一個粒子世界的「內核」。從前面的章節我們已經知道，這是錯覺——因為測不準原理，人們所認知的世界之間有著以普朗克長度為單位的差異，只是一般人無法探測這麼小的差異而已。這就像兩張印有相同圖案的薄膜對齊了貼在一起，看上去是一張，但仔細分就知道是兩張。

你有你的世界，別人有別人的；你的世界是為你專設的，生命是

三文化之城

世上並不存在什麼真實的「幻」，因為它是每個人的感受。所以堅持認為只有自己的「幻」才是唯一的真實，別人的都是假的、錯的，並為此衝突鬥爭，是愚昧的，只會導致無謂的痛苦，正如玻恩所說：「只相信單一的真理和相信自己是真理的佔有者，那是世界上一切壞事的根源。」

人可以有不同的信仰，不同的宗教可以和平共處，甚至互相幫助。這方面佛教和道教做得很好，雖然他們起源不同，但素有「佛道一家」的說法。基督教、伊斯蘭教和猶太教間雖然有許多衝突，但合作並非不可能，西班牙的托雷多城（Toledo）就是個見證。

它被稱為「三文化之城」（「City of Three Cultures」），因為那裡融合了三種宗教的歷史和文化。城中許多古老的建築兼有三種宗教元素，最著名的之一是美麗的聖瑪麗白教堂（Synagogue of Santa María la Blanca）。

它建於1180年，被認為是歐洲最古老的猶太教堂，是基督教統治的卡斯蒂利亞王國（Kingdom of Castile）時期，由伊斯蘭教的建築師為當地的猶太人建造的。800多年前，基督教統治者就有胸襟允許境內的猶太人擁有自己的教堂，而且其建築師竟然是穆斯林，在今天這個資訊技術先進得多、交流手段豐富得多的時代，人類更有理由求同而存異。

一次為你量身定製的旅程。

Know Thyself

這個旅程的意義何在？也許我們能在下面這則寓言裡得到啟示：

【寓言】

尋寶

有個富商賺了很多錢，但仍覺得內心空虛，活著沒什麼意思。他

聽說一條河邊住著個神仙婆婆，非常智慧，便不遠萬里找她祈問生命的意義。她把他帶到河邊，說：「對面山上有寶貝，你去尋吧，回來我再告訴你。」富商游泳過河，上了山。山上景色美不勝收，但他急於尋寶，眼睛一直盯著地面。他發現了一堆金錠，抱著興高采烈地下了山。但到了河邊才發現，金子太沉，無法帶著游過河，只好扔掉。他兩手空空地去見婆婆，她說：「這條河讓你註定是什麼也帶不回來的，山上那些美景才是真正的寶貝。」「那生命的意義是什麼呢？」「我已經告訴你了啊。」

那條河象徵著出生和死亡，而爬山尋寶的旅程象徵著人生。人生不帶來，死不帶去，所以人生並非物質的旅程，而是心靈的旅程，活一次為的是欣賞沿途的風景。

在這個旅程上，人應該向哪兒去呢？想知道答案的人會四處尋找，他們讀書，上網，諮詢他人，彷彿在某個地方藏著個寫有答案的紙條，只要找到就行了。

市面上也有許多迎合這種需求的「人生指南」，它們鼓勵人們「樹立偉大的理想」，並細數名人的案例，號召讀者效仿。但這些「心靈雞湯」不管用，因為它們並沒有從「根」上解決問題。

我的一個親戚 DM 就曾為「向哪兒去」的問題向我諮詢，卻得到了一個意想不到的答案。她屬於在「成功軌道」上行進得蠻不錯的人，擁有醫學博士，在一間頂尖醫院行醫 14 年，然後在美國田納西大學做了三年博士後研究。因為實驗室的老闆要退休了，她得另謀出路。她告訴我幾個可能的方向：可以換個實驗室繼續做博士後，或進

製藥公司做研發，也可以回國做醫生。她舉棋不定，希望我幫她分析一下這幾條道路孰優孰劣。

「先撇開這些順理成章、擺在面前的機會，如果不為錢而工作，你會做什麼？」我問了一個令她十分意外的問題。

她沉默著，也許覺得這問題既不現實，又不著邊際。「假想你不必為工資而工作，做什麼才會帶勁呢？」我追問道。

她沉默良久，說：「我想寫小說。」

我完全不知道寫作是她如此熱愛的事，大吃了一驚。

「我試著做過各種事情，但寫作是唯一一件做再久都不累的事。」她告訴我，她對做醫生或科研已經失去了興趣，卻能通宵達旦地寫作而不知疲倦。

「那為什麼不全身心寫作呢？家人會支援你！」

她猶豫著，我理解這種猶豫。一個行醫十多年又做過博士後的人想棄醫從文，要克服極大的心理障礙。放著光鮮的科學家和醫生不做，去做個沒有固定收入的作家，從前的事業豈不前功盡棄了？寫作失敗了怎麼辦？別人會怎麼看？她之所以被「逼問」才說出口，心裡一定有過多年的矛盾和掙扎。

但味如嚼蠟地做著不情願的事，心裡渴望著寫作，不也是一種折磨？世上也許會多一個毫無建樹（因為她心不在焉，是無法做出優異成績的）、並不快樂的科學家或醫生，卻少一個全情投入的作家。而在這煎熬的盡頭等著的，是人生的終點，是死亡。在別人眼裡的「光鮮」，難道要用自己一生的痛苦做代價嗎？

在我的鼓勵下，DM 放棄了行醫和科研，潛心寫作。轉眼 12 年

過去了，她線上、線下發表了 12 部小說，並多次獲獎。回頭看，她做了個適合她的選擇，如果她仍在一邊做別的工作一邊暗地裡嚮往寫作，會浪費這 12 年生命。

DM 知道要去哪兒了，但給出答案的，並不是我，而是她自己，我只是幫助她直面了她一直都認識的自己。當人們忙於在身外尋找答案的時候，真正擁有答案的，恰恰是他們自己，因為只有自己才知道內心深處的渴望。

所以要「向內看」。每個人都該問自己：「既然生命是一次為我量身定製的體驗，那麼我想要一次怎樣的體驗？」

古希臘人早就意識到這個問題的重要性，他們在德爾菲（Delphi）阿波羅神廟入口處刻下了神諭：「認識你自己」（Know Thyself）。答案並非難以發現的秘密，而是一個人時刻都能聽到的心聲，他需要做的，是承認和追隨它。哈勃正是聽從了內心的聲音，才放棄了父親逼他學的法律而轉學天文；德布羅意也正是聽從了內心的聲音，才放棄了家族傳統的仕途而改學物理。

人常忘記「向內看」，因為「向外看」是人類本能。人一睜開眼，就是向外看的，就像一間黑屋子裡的人推開窗戶，很容易被窗外花花綠綠的世界所吸引。他們沒有仔細思考自己是怎樣的人，做什麼事才能保持長久的熱情，應該走怎樣獨特的道路，就忙於模仿名人，或追逐流行的目標，難怪會迷失。

但只要向內看就行了嗎？內心的渴望是千奇百怪的，錯了怎麼辦？怎麼活才是對的？人生之路的對錯，該由誰來評判？

讓我們看一個例子吧。

沒有錯的選擇，只有你的選擇

穆巴拉克一家世世代代都生活在埃及的尼羅河畔，他每天起早貪黑只做一件事：為偉大的太陽神阿蒙建造卡納克神廟（Karnak Temple）。他和其他工匠一起，把巨大的石塊從遙遠的山上開採下來，用圓木墊在底部，靠人力一點一點拖到尼祿河畔，鑿成圓柱形，砌成七八層樓高、四五個人才能合抱的石柱，然後在表面刻上精美的神像和文字。每根石柱需要幾年時間才能建成，一共要建 134 根。從他爺爺的爺爺那輩起，穆巴拉克家世世代代做的就是這個工作，他也打算讓自己的子孫後代繼承這份「事業」，因為他相信，神會喜歡他們的奉獻，在來世獎賞他們。

穆巴拉克的生命有意義嗎？

許多人會回答沒有。他們會說，穆巴拉克為愚昧的古埃及宗教獻身毫無意義，因為這宗教在今天的埃及已經銷聲匿跡（絕大多數現代埃及人信奉伊斯蘭教和基督教）。

還有人會說，一個無名的工匠就像大海中的浪花，來去無痕——穆巴拉克的生命當然沒有意義。試問，他著名到什麼程度，生命才開始有意義？你知道幾個古埃及人的姓名？其他都是來去無痕的，難道他們的生命都沒有意義？而且，即使是今天叱吒風雲的企業家，兩千年後還記得他們的能有幾人？他們的生命也無意義嗎？你比企業家名聲如何？你的生命又將有何意義？

也有人會說，穆巴拉克的生命有意義，因為他參與建造了壯美的建築群，可以供後人欣賞。但如果這些建築群因為某種原因被毀掉了，他的生命是否就失去意義了呢？地球終有一天是要毀掉的，難道

建造任何建築都沒有意義嗎？

這些回答都站不住腳，因為它們基於一系列錯誤的判斷：人只是世界的過客，他離開以後世界繼續存在，所以生命的目的是要在世界上留下點什麼，而且留下的這點什麼在後人眼裡得有永恆的意義，生命是否有意義應該由別人來評判。

如果運用「我世界」的理念，上面這些問題就都迎刃而解了：人生是一次經歷，它是否有意義由自己來決定。人出生之前和離開之後，世界並不以他所體驗的粒子態存在，而是一團「數字的煙」，宗教是否持續、建築是否毀掉之類的問題沒有意義。

一個人生命的意義不應由他人來評判，因為每個人的回答是不一樣的，並不存在絕對的正確或錯誤；別人沒有生活在他的現實裡，沒有他的感受，所以沒有權力仲裁。（例如，你可以盡情發表對秦始皇、武則天的意見，但他們不在這個世界上，這些意見對他們真是一點意義都沒有。）穆巴拉克認為自己的生命是有意義的，因為他把一生奉獻給了全身心信仰的神，這就足夠。

穆巴拉克這個人物是我虛構的，我這麼做只是為了向你闡明：你生命的意義由你決定，不要理會別人的評論。

但一般人都會把評判自己生命意義的權力交給他人和社會，他們以為他人和社會是理性、有良知與公德的，不會胡亂評判。當人臨終時回顧一生，自然就會知道這樣做對不對，但假如錯了，豈不為時已晚？也許可以問問垂死的人認為按照他人的評判活一輩子究竟值不值得？真有一個澳大利亞人去問了，她的發現值得每個人深思。

臨終前最後悔的事

她的名字叫布朗妮‧維爾（Bronnie Ware），為了知道人在生命終點的感悟，她選擇了一個非常奇特的職業——做一名照料絕症患者的護士。這是一份天天和死亡打交道的工作，被她照顧的人已經走到生命的盡頭，餘下的時間是以天計算的。她和他們傾心交談，發現臨終前最後悔的事有許多共性，於是把它們收集到一起，寫了一篇題為〈臨終者的後悔〉（Regrets of the Dying）的博客，發表後僅第一年就有三百多萬讀者。

在許多人的請求下，她出版了《和自己說好，生命裡只留下不後悔的選擇：一位安寧看護與臨終者的遺憾清單》（*Top Five Regrets of the Dying*）一書，該書引起了無數讀者的強烈共鳴，很快風靡全球，被翻譯成了 29 種文字。

維爾發現，臨終前最後悔的事不是沒賺更多的錢，出更大的名或攫取更大的權力，而是「我要是有勇氣過對自己真實的生活，而不是別人認為我應該過的生活就好了。」（「I wish I'd had the courage to live a life true to myself, not the life others expected of me.」）。

這個後悔讓人想到楊絳在她百歲生日時所說的話：「我們曾如此渴望外界的認可，到最後才知道，世界是自己的，與他人毫無關係！」維爾寫道：「這是最普遍的遺憾。當人們意識到他們的生命即將結束，並清楚地回顧過去，很容易看到有多少夢想沒有實現。大多數人甚至連一半的夢想都沒實現就不得不死去，他們知道這是因為他們所做的（或沒做的）選擇。」

過「對自己真實的生活」聽上去簡單，但多數人都沒有勇氣這麼做。究其原因，常常是因為太在乎他人怎麼看自己。父母的壓力，親友的意見，大眾的輿論，這些顧忌讓人難以活出自我。

最常攔著你過「對自己真實的生活」的是父母和親友。他們理應在乎你長久的快樂，支持你的選擇，但能做到這一點的甚少。和你越親的人，往往阻礙你的願望就越強烈，而且力度也越強大。他們越愛你，就越會要求你逃避風險——他們寧願你在一個牢裡「安全地」做一輩子囚犯，也不贊成你冒險逃出去。他們往往沒有足夠的眼界或智慧支持你追尋夢想，並不理解甚至不關心你內心深處的渴望，因此對你施加足以剝奪你的人生意義的壓力。

你是你的世界的中心和主宰，你的路必須自己走，並為之負責，再親的親人都無法代替你。如果你努力溝通後，他們還是不理解或不同意，就走自己的路，讓他們說去吧。

另一些阻撓你過「對自己真實的生活」的人，是「格子綜合症」患者。他們會對 DM 說「你只是個醫生，又不是作家」，對笛卡兒說「你只是個傭兵，又不是哲學家」，對哥白尼說「你只是個神父，又不是天文學家」，對愛因斯坦說「你只是個專利員，又不是物理學家」。他們的邏輯有著明顯的漏洞，人天生就不在任何格子裡，路是任由你走的，沒人有權力給你貼上標籤。

和親人不同的是，「格子綜合症」患者並非真正關心你，而只是想把自身的狹隘強加到你身上，以便自己心裡舒服。假如你離開世界時什麼夢想都沒實現，他們根本不會在乎（很可能連人都找不到了），所以這種人大可不必理會。

DM 做醫生不開心時，那些「格子綜合症」患者毫不關心，也沒提供任何幫助，DM 為什麼要在乎他們的閒言碎語？

也有許多人無法過「對自己真實的生活」是因為自己心中的牢籠。人生猶如在一個巨大的平原上行走，路有無數條。但人們喜歡成群結隊地走在幾條「主路」上，因為和「大家」擠在一起才感到安全、合理；走少有人走之路，會被「大家」笑話。

這心理經不起推敲，因為並不存在這個所謂的「大家」，別人都有各自的事要忙，沒人有功夫一直監視你、評判你；你沒必要對一個隱形的「大家」負責，擔心他們嘲笑，討他們的歡心。DM 棄醫從文，做了就做了，並沒有誰會攔住她說她不對，所以許多「大家」的壓力是自己幻想出來的。

你是自由的，你之所以感到不自由，是因為自己心中的牢籠；人成長的過程，正是一步步突破這個牢籠的過程。

從死亡邊緣撿回的寶貝

維爾總結了人在生與死的邊緣所悟到的智慧，而拉曼爾醫生在生與死的另一個邊緣也有意外的發現，它們同樣帶來了關於生命的啟迪。

為了弄清瀕死經驗會不會改變一個人，拉曼爾將有無 NDE 的人進行了詳細對比，並追蹤他們八年，進行了多次訪談。他的研究表明，有過 NDE 的人對生活的態度發生了翻天覆地的永久性變化。在他所測量到的十多項具有顯著統計學意義的變化中，最大的是更能「因尋常小事而感恩」（appreciation of ordinary things）。

拒絕被放在格子裡的女人

一百多年前，大多數德國人患著嚴重的「格子綜合症」，他們堅信女人沒有能力研究科學，特別是數學；猶太是劣等民族，不配當教授。猶太女人諾特（Amalie Emmy Noether，1882－1935）恰恰出生在那個年代。

1900年，18歲的諾特考進了愛爾朗根大學，幾百名學生中只有兩名女生，而且不能像男生那樣註冊，只能自費旁聽。她並不氣餒，而是越發勤奮。她的精神感動了主講教授，破例允許她與男生一樣參加畢業考試，她雖然通過了，卻得不到正規文憑。

所幸不久，該大學開始允許女生註冊學習，諾特以優異成績成為第一位女數學博士。34歲，她應著名數學家希爾伯特和克萊因的邀請，來到數學聖地哥廷根大學。希爾伯特十分欣賞她，想幫她在學校找一份正式工作，卻遭到歧視婦女的守舊派的阻撓。

希爾伯特氣憤地說：「我簡直無法想像候選人的性別竟成了反對她升任講師的理由。先生們，別忘了這裡是大學，而不是洗澡堂！」

她40歲那年，由於希爾伯特等人的力薦，終於在清一色的男子世界——哥廷根大學成為「編外教授」，但沒有正式工資，她只能從學生交的學費中獲得一點薪水來維持簡樸的生活。

但諾特並沒心灰意冷，而是發憤圖強。她發明了著名的諾特定理，指出對稱與守恆是一一對應的，每發現一個守恆定律，就可以找到一個對稱與之對應，反之亦然。她指出時間的均勻性導致能量守恆、空間的均勻性導致動量守恆、空間的各向同性導致角動量守恆。

因為在數學方面的卓越成就，她被譽為「現代數學代數化的偉大先行者」、「抽象代數之母」，愛因斯坦稱她為「自婦女接受高等教育以來最傑出的富有創造性的數學天才」。

這很奇怪，因為這些在生死邊緣走過一遭的人有更多理由憤世嫉俗——他們可以想，憑什麼疾病就偏偏落在我頭上？！他們要應付病痛和醫療費，哪有閒情雅致管那些尋常小事啊，更別說感恩了。從進化論的角度來看，這變化也很不合理，因為它並不能增強人生存繁衍的能力，甚至看不出有什麼實際的用途。

但即使沒學過生物的人都知道，因尋常小事而感恩，能讓人更陽光、積極和快樂。我寫這段文字時正值秋天，一絲秋風拂面，一片落葉凋零，多數人都不會注意——他們在忙著看手機，為各種務實的事情奔波。當然也有人會因涼意逼人、冬之將至而哀嘆人生苦短。但有過 NDE 的人會仰望天高雲淡，興高采烈地說「秋高氣爽！感謝上天給了我金色的秋天！」他們的心中會因此充滿正能量。同一個季節，不同的心情，各異的感受，這樣的點點滴滴，鑄就了不同的人生。

有時，只要改變一下心態和視角，人的感受就能從暗無天日變成晴空萬里。「文革」時，有一位酷愛佛學的女子被剃了陰陽頭當眾批鬥和羞辱，她無法忍受，有了尋死的念頭。一位禪門大師當時在場，遞上一紙條，女子閱後即豁然開朗，破涕為笑，並安然度過此劫。紙條上僅有七個字：「此時正當修行時」。當女子意識到痛苦和磨難是修行的一部分時，頓時覺得經歷的一切都理所當然，不再在乎無知者的羞辱。人生有時困難重重，顯得山窮水盡，但痛苦總是暫時的，如果把它當成一種修行，就能保持積極樂觀的心態，到達柳暗花明。

不同的心態和視角可以賦予同一件事以不同的意義。做傭兵對一般人是為金錢當炮灰，對笛卡兒卻是免費周遊世界；在天文臺加夜班對一般人是辛苦煎熬，對赫馬森卻是遨遊奇妙的太空。對整個人生也

可以選擇不同的心態和視角：你可以認為是被動地來到了人間，生活是在熬過「苦海無涯」；也可以認為是在主動地尋求生命的體驗，生命是一次無與倫比的饋贈。究竟是哪種，你有能力選擇，因為你有一件整個宇宙都沒有的法寶——自主意志。

有過 NDE 的人在生死邊緣拾回了一件能源源不斷產生陽光和快樂的寶貝，但它並非必須死一次才能得到，如果你想要，今天就可以有。

積極心理學家馬丁‧塞利格曼（Martin E.P. Seligman）發明了一個方法，我改進了一下，親身試了，非常有用：每天寫下或說出當天三件順利、積極或快樂的事，以及為什麼。這些事不分巨細，如「今天天氣很好，我散了一會兒步，心情舒暢」，或「中午吃了一直想吃的餐館，味道不錯」。只要每天堅持，連續 45 天（絕對不能間斷），你自然會看到效果。其後是否繼續由你自己決定，多數人會選擇繼續。

每個人的人生都像半杯水，既有滿的一半，也有空的一半。這方法把人的注意力集中在滿的那一半，通過「重溫」快樂順利的事，將「幻」調節到積極陽光的一面。

有過 NDE 的人從生死邊緣拾回的寶貝不止一件，因為瀕死經驗還會導致另一個顯著的變化。

光之靈

「我聽見醫生說我死了，我漂浮起來，在一個漆黑一團的隧道裡穿行。……周圍很黑，只是遠處有個光點，我越接近它，它就越

大……」一位死而復生的患者回憶道。許多有 NDE 的人都說遇到了一個美麗而溫暖的光，一般它開始很微弱，會變得無比明亮，卻毫不刺眼。它並非普通的光，而是某種更高級的智慧，被稱為「光之靈」（being of light）。它會迎接「亡者」，不用語言就能直接和他的意識進行交流，讓他沉浸在無限完美的愛和難以言表的愉悅中，並幫助他像重播電影一樣回顧一生。

「光之靈」最常問「亡者」的問題之一是：「在過去的一輩子裡，你學會愛了嗎？」這耐人尋味，因為瀕死的人在各自的奇幻經歷中遇到了同一個「實體」，而且問同一個和死亡、疾病等迫在眉睫的事情無關的問題。如果 NDE 只是幻覺，人體為什麼要進化出這樣極不「務實」、與生存和繁衍無關的幻覺？

不管「光之靈」是否真的存在，拉曼爾確實發現，NDE 讓患者「更有愛和同理心」（more loving, empathetic，此處的「loving」指廣義的「愛」）。在十多種 NDE 所導致的具有顯著統計學意義的變化中，這現象名列第二，僅次於「因尋常小事而感恩」。

這也是件非常奇怪的事，因為這些不幸的人對他人本可以和從前一樣，或更冷漠。他們本可以想，憑什麼別人就不得這倒楣的病？我自顧不暇，哪有精力愛別人啊？但他們沒有，而是更愛他人，更容易和他人產生共情。這些被生活「不公平」地給予了病痛的人，這些從生死搏鬥勉強生還的人，反而有能力給予他人更多的愛。

對許多人，愛是個很虛的東西。他們只看得見眼前利益，而看不見無形的愛，所以誤以為和世界處在一個分離甚至敵對的狀態裡——我多得到一點，世界就少一點；我少得到一點，世界就多一點。他們

誤以為，有沒有愛，人都照樣活，所以和世界進入了一個越來越冰冷的迴圈。他們的一生，就是冷漠地穿過一個和自己沒有關係的世界，這正是他們一輩子都不快樂的原因。

這些人誤以為越吝嗇就越有錢，但事實並非如此。蓋茲和巴菲特是世界上最富有的人中的兩位，但他們也是贈出最多的——迄今蓋茲捐了近 400 億美元，巴菲特捐了 350 多億美元，他們計畫將絕大部分財富捐給慈善。

我直接認識的成功人士也多有慈善之心。19 年前，我聯合創建了一個中國生物醫療界領導者的組織，叫做百華協會（BayHelix），近 800 會員全是業界精英，其中約 1/3 是各自公司的管理者，有幾位是億萬富翁。最近四年裡，會員們為偏遠農村的小學生捐了近 500 萬元買書，為雲南騰衝所有小學的每個班級都建了一個圖書角，目前正在擴及四川雅安和甘肅平涼的小學。我相信，這些書能幫助其中一些孩子進入一個僅靠自己的力量無法進入的精彩世界，我自己就是因為小時候讀書而到達這個世界的。

成功人士的慈善行為說明，給予是比獲得更高層次的追求。這和「我世界」的理念是一致的：人和世界是互補互依的——你愛世界，世界就愛你；你對世界冷漠，世界就對你冷漠。在人性的內核深深地根植著愛的種子——在愛與冷漠之間，人的天性並非「中立」，而是嚮往著愛。能感知愛，給予愛，是人與生俱來的能力；愛並非世界對人的要求，而是人性自己的選擇。

親愛的讀者，我們共同的旅程就要結束了。你翻開這本書的時

候，對於宇宙，對於社會，對於歷史，只是個微不足道的人；合上它的時候，希望你已經明白，你是唯一的人，沒有你，宇宙、社會、歷史連存在都談不上。你活得再慘，都比沒有生命的東西強。你每活一天，就享有一天「主人」的特權，只有你知道要到哪裡去，只有你能賦予生命以意義。

我想說服你做三件事：其一，牢記自己很重要，世界是圍著你轉的，不要相信任何人說你是「碰巧」發生的，只不過是世界的過客；其二，活出真正的自我，獨立思想，不要屈服於他人的壓力，即使是最親密的人，絕對不能把生命的方向盤交給他人；其三，用陽光和愛面對世界——在你人性的內核深處已經埋藏了陽光和愛的種子，你只需要滋潤它，讓它生長發芽。如果你能做到這三件事，就會擁有一個全然不同的人生。願你盡情感受生命的百味；願你到生命終結時回想起這本書，慶幸翻開了它。

鳴謝

首先我要感謝妻子楊悅，沒有她的支持和鼓勵，我是無法寫出這本書的。她永遠是我的第一個讀者。這本書成文時，正是女兒王思晴出生前後，她先是挺著大肚子，後來一邊照顧嬰兒，一邊一字一句地讀稿、改稿。她也是我的思想的第一個聽眾，幾乎每天都要「忍受」我喋喋不休地談宇宙、哲學和宗教，她總能給我直白、真實的回饋，引發我更深入地思考。

我也要感謝金城出版社總編輯潘濤老師。他和我是因我的上一本書《我‧世界——擺在眼前的秘密》結識的，是我難得的知音。身為北大哲學博士，又具備深厚的生物、物理、數學造詣，他對我的思想不僅理解，而且能挑戰，給了我許多非常有見地的指導和意見。

我還由衷感謝中信出版集團股份有限公司施宏俊先生。作為一位獨具慧眼的出版人，他和我的每一次交流都像是一場「思想風暴」，他激勵我不斷挑戰現有的稿子，提升眼界，加深思想深度。

我特別感謝《科普時報》總編輯尹傳紅先生，他在百忙之中給予我無私的幫助和指導，並盛情邀請我就書中思想在《科普時報》撰寫專欄。

我還想感謝資深媒體人、前華文天下總編輯楊文軒先生。他是我的良師益友，我之所以走上科學哲學寫作這條路，最初是因為他的引導和鼓勵，他對我兩本書的稿子都提出了諸多寶貴意見。

其他許多朋友，如中國發展出版社編輯馬英華、作家王增偉、金

融頭條主編和斌斌、起點創業投資基金創始合夥人查立、電子工業出版社策劃編輯吳源等，都在多方面對這本書提供了幫助，我在此對他們表示誠摯的感謝。

國家圖書館出版品預行編目資料

世界邊緣的真相：穿著科學外衣的生命之書／光子著 . --
初版 . -- 臺中市：好讀出版有限公司 , 2021.04

　　面；　公分 . -- (發現文明；42)

　　ISBN 978-986-178-538-7(平裝)

　　1. 科學 2. 通俗作品

　　300　　　　　　　　　　　　110003436

好讀出版

發現文明 42

世界邊緣的真相：穿著科學外衣的生命之書

作　　者／光子
總 編 輯／鄧茵茵
文字編輯／莊銘桓
行銷企畫／劉恩綺
發 行 所／好讀出版有限公司
　　　　　台中市 407 西屯區工業 30 路 1 號
　　　　　台中市 407 西屯區大有街 13 號（編輯部）
TEL: 04-23157795 FAX: 04-23144188 http://howdo.morningstar.com.tw
（如對本書編輯或內容有意見，請來電或上網告訴我們）
法律顧問／陳思成律師
總 經 銷／知己圖書股份有限公司
　（台北）台北市 106 大安區辛亥路一段 30 號 9 樓
TEL: 02-23672044 / 23672047 FAX:02-23635741
　（台中）台中市 407 西屯區工業 30 路 1 號
TEL: 04-23595819 FAX: 04-23595493
E-mail:service@morningstar.com.tw
網路書店 http://www.morningstar.com.tw
郵政劃撥：15060393
戶　　名／知己圖書股份有限公司

初　　版／西元 2021 年 4 月 15 日
定　　價／ 300 元
如有破損或裝訂錯誤，請寄回台中市 407 工業區 30 路 1 號更換（好讀倉儲部收）

線上讀者回函
更多好讀資訊

2021 How Do Publishing Co., LTD.
All rights reserved.
ISBN 978-986-178-538-7